 Archiv-Nr. 7790626. Satz und Druck: Mercedes-Druck, Berlin SW 61. — Printed in Germany.

Inhalt

Einleitung

Schon gegen Ende des 17. Jahrhunderts kam die Verwendung des Lötrohrs zu praktischen Zwecken, wie zum Glasschmelzen, auf und erreichte in der Mitte des 18. Jahrhunderts einen neuen Aufschwung, als man dem Lötrohr in Schweden eine ganz besondere Beachtung schenkte. Nachdem Rinman und v. Swab bereits viele Abhandlungen über das Verhalten von Mineralien und Erzen vor dem Lötrohr bekanntgegeben hatten, dehnte Cronstedt die Untersuchungen weiter aus, indem er Reagenzien benutzte, Bergmann, indem er das Lötrohr zum Experimentieren in der anorganischen Chemie verwandte. Weiterhin beschäftigten sich Gahn und Berzelius mit der Lötrohranalyse. Letzterem verdanken wir das erste ausführliche Werk „Die Anwendung des Lötrohrs in der Chemie und Mineralogie", das von 1821 an in vier deutschen Auflagen erschien.

Der Gebrauch des Lötrohrs verbreitete sich nun immer mehr und wurde durch neue Methoden bereichert.

Friedrich Plattner, Professor an der Freiberger Bergakademie, gab 1835 ein Werk Probierkunst mit dem Lötrohr heraus oder „Anleitung, Mineralien, Erze, Hüttenprodukte und verschiedene Metallverbindungen mit Hilfe des Lötrohrs qualitativ auf ihre sämtlichen Bestandteile und quantitativ auf Silber, Gold, Kupfer, Blei, Zinn, Nickel, Kobalt und Eisen zu untersuchen". Weitere Auflagen folgten, die letzte (8.) 1927 von F. Kolbeck (Verlag von Ambrosius Barth, Leipzig, jetzt München). Die quantitativeProbierkunst war seit 1827 durch E. Harkort begründet worden.

Verfasser hat 1912 eine Lötrohrprobierkunde im Göschenband 483 herausgegeben ohne die quantitative Analyse, die heute allgemein durch exakte Analysen in den Laboratorien ersetzt ist.

1920 erschien die 2., 1949 die 3., und nun die 4. Auflage. Nach Preis und Inhalt kommt das Bändchen allen Ansprüchen entgegen. Für Lötrohruntersuchungen spart man Material, Raum und Zeit.

In den letzten 50 Jahren hat sich die mikrochemische Analyse entwickelt, eine Bestimmung von Substanzen mit Hilfe von Reagenzien. In der Tüpfelmethode fand namentlich durch Feigl und Leitmeier wieder eine Erweiterung statt. Damit wird nun das Mikroskop eingeführt, und es fragt sich, ob die Bezeichnung Lötrohrprobierkunde überhaupt noch richtig ist. Der Tradition wegen soll sie beibehalten werden als eine Mineraldiagnose mit Hilfe von Lötrohr- und Tüpfelreaktion.

In erster Linie soll das Büchlein dem Bergingenieur, besonders dem Prospektor und dem Hüttenmann ein chemisches Laboratorium ersetzen. Dem qualitativ arbeitenden Chemiker soll es für Vorproben nützlich sein. Für den Mineralogen und Geologen ist das Lötrohr von jeher ein wichtiges Hilfsmittel zur Mineralbestimmung gewesen, und wird es auch bleiben. Nicht zuletzt soll es dem Sammler ein wichtiges Hilfsmittel zur Mineralbestimmung sein.

Schrifttum

Einige kürzere Abfassungen oder Notizen über Benutzung des Lötrohrs sind in den letzten Jahrzehnten teils in Lehrbüchern, teils in Zeitschriften erschienen. Neuerdings handelt es sich meist um Spezial- oder Teilgebiete wie photometrische, kolorimetrische, mikrochemische, spektrometrische Methoden, Tüpfel- und Anfärbereaktionen.

Physikalische Erkennungsmethoden von Mineralien zur Bestimmung sind S. 36 geschildert. Als Ergänzung hierzu seien die neueren Kompendien angeführt:

1. *F. Klockmann-Ramdohr*, Lehrbuch der Mineralogie, Verlag Enke, Stuttgart 1956. Enthält Kristallographie, allgemeine und optische Eigenschaften, besonders die Fundstätten von über 1000 Mineralien.
2. *H. Strunz*, Mineralogische Tabellen auf kristallchemischer Grundlage mit über 5000 Mineralnamen, worunter auch Synonyma und ausgeschiedene, ferner Formeln und Register, Leipzig 1957.
3. *H. v. Philipsborn*, Tafeln zur Bestimmung nach äußeren Kennzeichen der Mineralien, Schweizerbart, Stuttgart 1953.
4. *A. Schüller*, Die Eigenschaften der Minerale. Teil II. Mineralchemische Tabellen und qualitativ-chemische Nachweisverfahren. Akad. Verlag Berlin, 5. Auflage 1961.
5. *Howard B. Graves, jr.*, The Mineral Key, New York and London, 1947. Enthält Methoden der Bestimmung von 823 Mineralien ähnlich den v. Philipsbornschen Tafeln unter besonderer Berücksichtigung des Lötrohrverhaltens.
6. *F. Feigl*, Tüpfelanalyse, I. anorg. Teil, Akademische Verlagsges., Frankfurt/M 1960.
7. *R. Herrmann und C. Th. J. Alkemade*, Flammenphotometrie, 2. Aufl., Berlin 1960.
8. *H. Malissa und Benedeki-Pichler*, Anorganische qualitative Mikroanalyse, Berlin 1958.
9. *G. Gorbach*, Mikrochemisches Praktikum, Berlin 1956.
10. *W. Lieber*, Die Fluoreszenz von Mineralien, 68 Seiten mit 23 Abb. und 9 Karten. Der Aufschluß 1958, Sonderheft 5.

I. Gebrauchsgesetze

1. Das Lötrohr

Das Lötrohr ist eines der wichtigsten Hilfsmittel, die der Chemiker im Laboratorium, der Mineraloge zur Untersuchung und Bestimmung von Mineralien und Erzen gebraucht. Von den verschiedenen Konstruktionen des Lötrohres möge hier nur die eine, nach meinen Erfahrungen vollkommenste und beste Ausführung beschrieben werden.

Die zum Aufstecken eingerichtete Spitze b ist aus Platin und aus einem Stück gedreht. Die Öffnung hat einen Durchmesser von 0,7 bis 1 mm. Nach längerem Blasen überzieht sich die Platinspitze mit Ruß. Nur durch Ausglühen ist eine Verstopfung zu vermeiden. Dies geschieht in der Spiritusflamme, wobei die Spitze abgenommen und mit der Platinpinzette gefaßt werden muß. Zur Aufnahme von Flüssigkeit, die durch langes Blasen öfter abgegeben wird, dient der Wassersack a. Das Rohr c ist schwach konisch und hat eine Länge von etwa 25 cm (Fig. 1). Der Ansatz ist in der Regel aus Horn und dient zur Erleichterung des Blasens. Beim Blasen muß man das Mundstück nun fest gegen den wenig geöffneten Mund drücken. Das Material, aus dem das Lötrohr besteht, ist, abgesehen von der Platinspitze, meist Messing oder Argentan. Letzteres ist vorzuziehen.

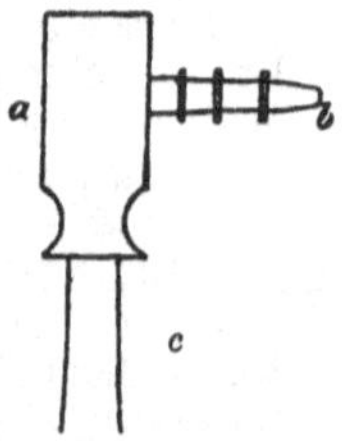

Fig. 1

Einfachere, billigere Konstruktionen erfüllen wohl auch den Zweck. Doch ist die Flamme nur bei verwendeter Platinspitze (Gewicht etwa 1 g) dauernd rein. Das einfachste Lötrohr besteht aus einer Messingröhre mit einem Holzmundstück am einen Ende, während das andere etwa im rechten Winkel umgebogen und zugespitzt ist mit einer Öffnung von etwa 1 mm.

2. Lampen, Brennmaterial, Flamme und Blasen

Zu Lötrohrproben eignet sich schon, falls man keine starke Flamme braucht, die Kerzenflamme; eine höhere Temperatur liefern Leuchgast und Spiritus. Bei Anwendung des Bunsenbrenners senkt man eine Röhre ein, die oben zu einem 1 bis 2 mm breiten Schlitz zusammengedrückt und schief abgeschnitten ist (Fig. 2). Damit sie zugleich die Luftlöcher des

Fig. 2

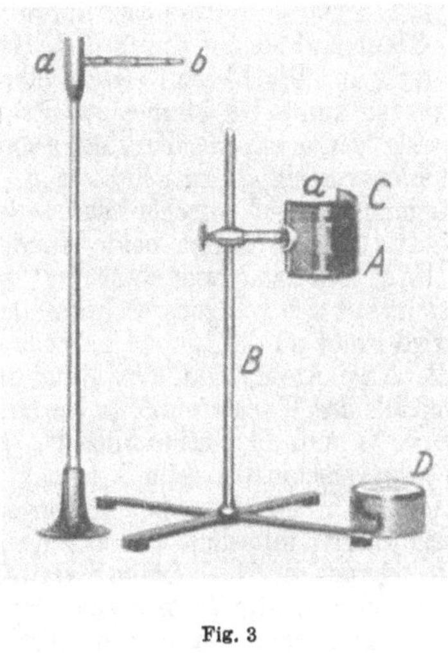

Fig. 3

Brenners verschließt, muß sie eine entsprechende Länge haben.

Für genauere Untersuchungen ist die Paraffinlampe (Fig. 3) zu empfehlen. Die von Plattner angegebene Rüböllampe ist veraltet und wird nicht mehr hergestellt. Der gewöhnlich aus Argentan oder Eisenblech bestehende Paraffinbehälter A kann durch eine Schraube am Stativ B auf- und abbewegt werden.

Die durch einen Deckel D verschließbare Öffnung a dient zur Aufnahme von Paraffin, während bei C ein Brenner mit flachem Docht eingesetzt ist.

Da das Paraffin bei gewöhnlicher Temperatur fest ist, so ist diese Lampe besonders Reisenden zu empfehlen. Vor dem Gebrauch muß das Paraffin verflüssigt werden, indem man mit der Spiritusflamme den Behälter erwärmt.

Fig. 3 zeigt rechts die Einzelteile der für den Transport zerlegbaren Paraffinlampe. Eine zu Lötrohrproben, besonders bei längerem Blasen geeignete Vorrichtung ist das Kautschukgebläse. Der Luftstrom wird durch Druck durch einen Schlauch gepreßt und strömt durch die Platinspitze aus, die an einem Stativ angebracht ist, welchem eine beliebige Neigung gegeben werden kann. Da hierbei zur Regelung einer guten Flamme beide Hände erforderlich sind, so ist das Gebläse nicht in allen Fällen vorteilhaft zu gebrauchen. H. Ungemach[1]) gibt eine Lampe mit mechanischer Blasvorrichtung durch komprimierte Luft an, die gestattet, beide Hände freizumachen.

Was nun das Blasen anbelangt, so ist zu bemerken, daß dies nicht mit den Lungen geschehen darf. Das Lötrohrmundstück wird leicht an die Lippen gedrückt. Man holt vielmehr durch die Nase Atem, füllt den Mund mit Luft und drückt diese mittels der Wangenmuskeln durch das Lötrohr. Während des Blasens muß die Verbindung der Brusthöhle mit der Rachenhöhle verschlossen sein. Das Ein- und Ausatmen durch die Nase muß hörbar geschehen; nur so kann eine Besorgnis, daß das Blasen mit dem Lötrohr der Gesundheit schädlich sei verschwinden. Nach einiger Gewohnheit kommt man schon von selbst auf die Vorteile eines erfolgreichen Blasens. Um eine dauernd gleiche Flamme zu erhalten, muß man gleichzeitig blasen und einatmen.

Die Lötrohruntersuchungen beruhen nun auf den Reduktions- und Oxidationsprozessen, die hervorgebracht werden durch Einwirkung besonderer Teile der Flamme. Letztere besteht aus drei Hauptteilen: Der dunkle Kern a enthält die dampfförmigen Zersetzungsprodukte des durch den Docht

---

[1]) Bull. soc. min. 37. 64. 1914

hochgezogenen Brennmaterials, die aus Mangel an Sauerstoff nicht verbrennen können. Das unverbrannte Gas läßt sich dem Innern einer Flamme durch ein gebogenes Kapillarrohr entnehmen und am Ende desselben wieder entzünden; eine jede Kerze ist also eine kleine Gasfabrik. In dem stark leuchtenden Teil b findet wegen ungenügender Luftzufuhr nur unvollkommene Verbrennung statt. Lichtstarke Flammen enthalten kleine Kohlenstoffteilchen, die durch die Verbrennung des Wasserstoffs sowie durch die Hitze aus den Kohlenwasserstoffen abgeschieden werden in äußerst feiner Verteilung. Die äußere, schwach blau gefärbte Hülle c hat die höchste Temperatur, da hier die Luft reichlich zutritt und eine vollständige Verbrennung des Kohlenstoffs stattfindet (Fig. 4).

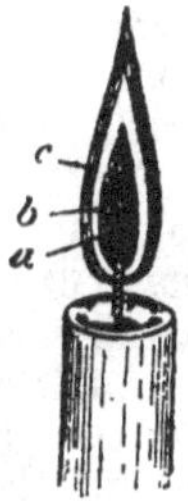

Fig. 4

Für Lötrohrproben wendet man nun den wenig leuchtenden Teil zur Oxidation und den leuchtenden zur Reduktion an. Um eine Oxidationsflamme zu erhalten, bringt man die Lötrohrspitze ungefähr bis auf den dritten Teil der Dochtbreite in die Lampenflamme und bläst stark. Man erhält so eine blaue kegelförmige Flamme a, die von einer schwach leuchtenden Hülle b umgeben ist (Fig. 5a). Diese äußere Flamme erreicht

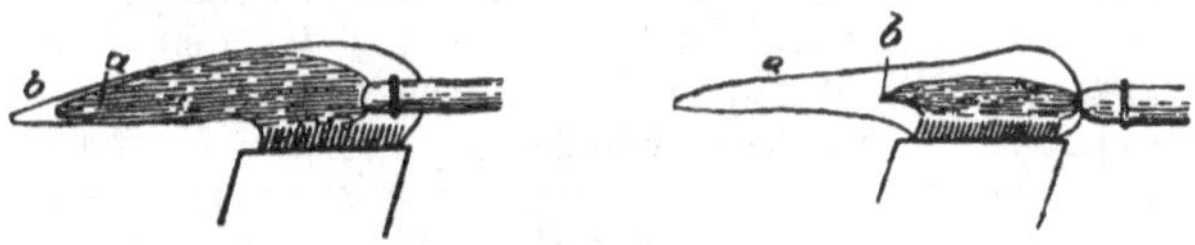

a Fig. 5 b

etwa 2 mm vor der Spitze des blauen Kegels ihre höchste Temperatur. Oft entstehen durch die verkohlten Teilchen des Dochtes gelbe Streifen, die Reduktionswirkungen erzeugen. Der Docht ist daher mit der Schere öfter abzuschneiden. Bei Oxidationsproben auf Kohle muß schwächer geblasen werden, da sonst ein Teil der Kohle zu Kohlenoxidgas verbrennt, das die Oxidation hindert.

Die Temperaturen, die durch oxidierendes Blasen erhalten werden können, liegen im allgemeinen zwischen 1200 und 1300°. Gute Lötrohrbläser erreichen höhere Grade und vor allem große Wärmemengen.

Zur Erzeugung einer Reduktionsflamme bringt man die Lötrohrspitze an den Rand der Flamme in etwas größere Entfernung über den Docht und bläst einen leichten Luftstrom darüber, so daß die Flamme umgelegt wird (Fig. 5b).

Unmittelbar über dem Docht sieht man nur wenig eines dunklen Kerns; es entsteht in der Hauptsache eine gelbe leuchtende Flamme, deren wirksamster Teil zwischen a und b liegt.

Durch die Reduktionsflamme wird bewirkt, daß die Flamme wegen ihres freien Kohlenstoffs imstande ist, Sauerstoff aufzunehmen. Derselbe wird dem Metalloxid ganz oder zum Teil entzogen, je nachdem das Oxid leicht oder schwer zu reduzieren ist. Die Reduktion erfolgt also durch die glühenden Kohlenstoffteilchen, welche die leuchtende Flamme bilden. Demzufolge muß die zu reduzierende Probe ganz von der Flamme eingehüllt sein.

3. Instrumente und Gefäße

Außer der beschriebenen Lampe ist die Spiritusflamme von Notwendigkeit. Die Lampe besteht wesentlich aus einem mit Spiritus gefüllten breiten, nach oben verengten Glasgefäß von guter Standfestigkeit und einem Docht, der den Spiritus hochsaugt. Als Unterlage beim Erhitzen von Substanzen vor dem Lötrohr verwendet man in der Regel *Kohle. Gips* und *Glas* können ebenfalls benutzt werden; jedoch ist die aus gut ausgebrannten Fichten bestehende Holzkohle wegen der geringen Wärmeleitung und ihrer Reduktionswirkungen weit vorzuziehen. Man fertigt gewöhnlich parallelepipedische 10 bis 15 cm lange Stücke von 2 bis 3 cm Breite und 2 cm Dicke an und verwendet in erster Linie nur diejenigen Seiten, wo die Jahresringe auf der Kante stehen. Zur Aufnahme der Probe wird ein

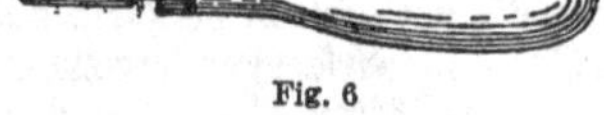

Fig. 6

Grübchen mittels eines *Kohlenbohrers* (Fig. 6) angefertigt; das höchstens 5 mm vom Rande der Kohle entfernt sein darf. Der Durchmesser des Grübchens darf 6 bis 8 mm sein. Gebrauchte Kohlen können auf Schmirgelpapier glattgeschliffen werden, so daß sie sich weiter verwenden lassen. Eine 2 cm dicke Kohle kann 3 bis 4mal abgeschliffen werden.

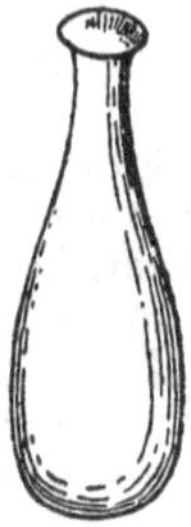

Fig. 7

Als *Pinzette* braucht man vor allem eine sogenannte *Platinschnabelpinzette*, um während des Blasens die Probe, die auf Schmelzbarkeit, Glühen, Aufblähen, Zerspritzen und Flammenfärbung untersucht werden soll, zu halten. Zur Regulierung des Lampendochtes verwendet man eine einfache Stahl- oder Messingpinzette.

Zum Zerkleinern und Pulverisieren von Substanzen dient ein *Achatmörser* oder ein sogenannter *Abich'scher Stahlmörser*. Zur Not genügt natürlich auch ein gewöhnlicher Steingutmörser, die sog. Reibschale. Jedenfalls ist der Mörser vor jedem Gebrauch sauber zu reinigen.

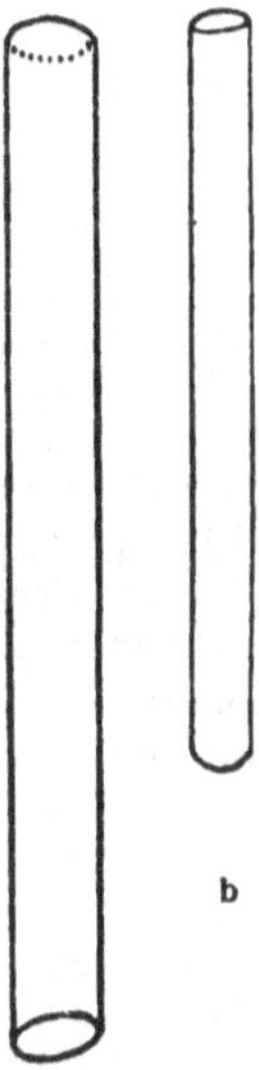

b

Fig. 8a

Glaskölbchen (Fig. 7), sowie *offene* und *geschlossene Röhren* (Fig. 8a und b) sind stets in großer Anzahl vorrätig zu halten. Kölbchen von ca. 7 cm Länge und einseitig geschlossene Röhrchen von 10 cm Länge und 0,5–0,8 cm Durchmesser dienen zum Erhitzen der Proben ohne Luftzutritt. Um Luft zutreten zu lassen, benutzt man 15 bis 20 cm lange, offene Röhren mit einem Durchmesser von etwa 1–1,2 cm. Die Glaskölbchen halte man mit Daumen und Zeigefinger während der Erhitzung ganz oben über der Spiritusflamme. Wird die Temperatur zu hoch, so verwende man niemals eine Pinzette, sondern ein schmal zusammengelegtes Papier (ca. $^1/_2$ cm breit) oder eine

Holzzange mit Klammer zum Halten. Das Kölbchen, in dem sich noch ein Teil Luft befindet, dient besser zur Beobachtung des allgemeinen Verhaltens, während das dünnere und längere geschlossene Röhrchen mehr zur Beobachtung von Subl maten dient.

Platin wird in Drahtform von etwa 0,5—0,8 mm Dicke gebraucht. Ein Draht von 5 bis 6 cm Länge wird in einen Platindrahthalter eingelassen. An Stelle eines solchen kann auch die Hand oder die Pinzette benutzt werden. Zweckmäßig ist es auch, die Platindrähte in 10 bis 12 cm lange, etwa $^1/_2$ cm dicke Glasstäbe einzuschmelzen. Um die Drähte rein zu halten, bewahrt man sie in mit Salzsäure angesäuertem Wasser auf. Jedenfalls sind sie stets nach Gebrauch in angesäuertem Wasser auszukochen. An Stelle von Platindraht, d. h. nur dann, wenn sich solcher nicht beschaffen lassen sollte, können auch Magnesiastäbchen verwendet werden.

Von weiteren Utensilien kommen noch zum Gebrauch: ein kleiner *Hammer* und *Amboß*, möglichst mit einer Filzunterlage, eine *Kneifzange*, eine *Lupe*, ein kleiner *Magnetstab*, ein *Messer*, eine kleine *Schere*, einige *Porzellanschälchen*, *Glasplatten* (Objektträger), ein mit destilliertem Wasser gefülltes *Tropfglas* und endlich ein blaues durch Kobaltoxid gefärbtes *Glas* oder ein keilförmiges *Indigoprisma*.

Die angegebenen Utensilien genügen für die gewöhnlichen Proben vollständig. Für die Reise gibt es Zusammenstellungen aller Utensilien in kleinen kofferartigen Holzkästen. Hat man nicht alle Gegenstände zur Verfügung, so muß man sich auf andere Weise zu helfen wissen. Als Mikroskop dient für Tüpfelbeobachtungen schon eine einfache Konstruktion. Ein Spektralapparat oder ein Taschenspektroskop, sowie ein Kolorimeter sind in den Instituten heute meist auch zur Verfügung.

4. Die wichtigsten Reagenzien

1. *Soda* (Na_2CO_3). Sie muß rein sein. Die nach dem Leblancprozeß dargestellte Soda enthält stets Schwefelsäure und ist daher nicht zu gebrauchen. Man verlange ausdrücklich reine Soda und prüfe dieselbe stets auf Schwefel nach S. 17 (Soda dient als Aufschließungs- und Reduktionsmittel).

2. *Kaliumoxalat* $\begin{pmatrix}COOK\\COOK\end{pmatrix}$. (Reduktionsmittel.)

3. *Cyankalium* (KCN). (Reduktionsmittel; nicht absolut erforderlich.

4. *Borax* ($Na_2B_4O_7 \cdot 10\, H_2O$). (Zu Perlen.)

5. *Phosphorsalz* ($NH_4NaHPO_4 \cdot 4 H_2O$). (Zu Perlen.)

6. *Kaliumbisulfat* ($HKSO_4$). Soda (Zur Aufschließung.)

7. *Kaliumnitrat* (Salpeter) (KNO_3). (Oxidationsmittel.)

8. *Kobaltsolution* [$Co(NO_3)_2 \cdot 6\, H_2O$], (Kobalt-[II]-nitrat in wässeriger Lösung). Sie darf nicht zu konzentriert sein, weil sie sonst nicht in allen Fällen anwendbar ist. (Zur Erkennung einiger Erdalkalien und Metalloxide.)

9. *Salzsäure* (HCl). (Nachweis von Kohlensäure und bei Flammenfärbungen.)

10. *Schwefelsäure* (H_2SO_4). (Bei Flammenfärbungen und Nachweis von Calcium.)

11. *Ammoniummolybdat* [$(NH_4)_2MoO_4$]. (Zur Prüfung auf Phosphorsäure.)

12. *Jodkalium* und *Schwefel* (Jodidbeschläge).

13. *Kupferoxid* (CuO) oder auch pulverisierten Malachit. (Nachweis von Chlor, Brom, Jod.)

14. *Silberblech*, etwa 2×3 cm; kann auch durch Silbermünze ersetzt werden. (Nachweis von H_2S.)

15. *Platinblech*, etwa 1,5×2 cm. (Nachweis von Spuren von Mangan.)

16. *Reagenzpapiere*, blaues und rotes Lackmuspapier zur Ermittlung basischer oder saurer Reaktionen, Fernambukpapier zur Erkennung von Flußsäure.

17. Uranylacetat, Platinchloridlösung, Pikrinsäure, Essig- und Oxalsäure, Ferrocyankalium, Caesiumchlorid, Rhodizonat.

Weitere zur Tüpfelreaktion erforderliche Reagenzien sind bei den einzelnen Elementen angegeben.

Qualitative Lötrohrproben

A. ALLGEMEINE REGELN

I. Prüfung ohne Reagenzien

Die Versuche werden zunächst mit Hilfe der Spiritusflamme meist ohne Lötrohr ausgeführt. Die Prüfung auf Kohle, Flammenfärbung und Schmelzbarkeit erfordern das Lötrohr, sowie die Paraffinlampe oder den Bunsenbrenner mit Schlitzeinsatz

1. Prüfung im Glaskölbchen

Ist die Substanz vermutlich frei von flüchtigen Elementen wie Schwefel, Selen, Tellur und Arsen, so bringt man einige Stücke in das Glaskölbchen. Salze, Silikate, Hydrate, Metalloxide und Tonerdeverbindungen gehören hierher. Beim Erhitzen des Kölbchens über der Spiritusflamme hat man zu beachten:

a) *Wasserabgabe.* Dampfförmig entweichendes Wasser wird oben am kälteren Teil des Kölbchens kondensiert. (Alaun, Natrolith, Kupfervitriol.)

b) *Dekrepitieren.* Die Substanz zerknistert. (Schwerspat, Kalkspat, Flußspat.)

c) *Phosphoreszenz.* Die Substanz leuchtet nach kurzem Erhitzen im Dunkeln. (Flußspat, Apatit.)

d) *Änderung der Farbe.* Viele Karbonate geben Kohlensäure ab, und die Sauerstoffverbindung, die eine andere Farbe hat, bleibt zurück, z. B. Eisenspat ($FeCO_3$), der eine braungelbe Farbe hat, hinterläßt nach dem Erhitzen schwarzes, magnetisches Eisen-(II, III)-Oxid (Fe_3O_4).

e) *Schmelzen.* Die Substanz schmilzt und gibt eine Säure oder Ammoniak ab. (Geruch und Färbung des Lackmuspapieres.) Siehe auch S. 18.

f) *Sublimation.* Die Substanz verflüchtigt sich und sublimiert am Halse des Kölbchens. (Kalomel, Salmiak.)

g) *Verkohlung.* Es tritt ein bituminöser (brenzlicher) Geruch auf (Bernstein, Holz).

h) *Sauerstoffabgabe.* Superoxide entwickeln Sauerstoff. Man bringt einen kleinen Holzkohlensplitter über die Substanz, der beim Erhitzen des Kölbchens mit dem Lötrohr ins Glühen gerät. (Pyrolusit.)

i) *Magnetismus.* Eisen-, Nickel- und Kobaltverbindungen werden nach dem Erhitzen, sofern sie eine leicht flüchtige Säure abgeben, magnetisch (Eisenspat siehe S. 16.)

k) *Geruch* und *Gasabgabe.* Bei sämtlichen Versuchen mittels des Kölbchens achte man stets, ob ein Geruch wahrzunehmen ist. (Geruch nach Ammoniak, Säuren, Bitumen usw.)

l) *Löslichkeit* siehe S. 45.

2. Prüfung in der einseitig geschlossenen Röhre

Schwefel-, Antimon- und Arsenmetalle werden zuerst in der einseitig geschlossenen engen Röhre über der Spiritusflamme erhitzt. Hierbei wird der Zutritt von Sauerstoff vermieden und ein Element oder mehrere gehen als solche flüchtig. Man unterscheidet niedere und hohe Schwefelungs- bzw. Arsenierungsstufe. Substanzen auf niederer Schwefelungsstufe geben nicht oder nach starkem Erhitzen nur wenig Schwefel (Anflug) ab. Desgleichen geben Substanzen auf niederer Arsenierungsstufe nichts oder nur wenig Arsen ab.

Diese Verbindungen haben die chemische Zusammensetzung $R''S$ bzw. $R''As$, wobei R'' ein zweiwertiges Element der Metallreihe bedeutet, z. B. MnS, NiAs. Schwefelverbindungen auf hoher Schwefelungsstufe geben ein in der Wärme braun bis dunkelgelbes, in der Abkühlung hellgelbes Sublimat von Schwefel; Arsenverbindungen geben ein schwarzes glänzendes Sublimat von amorphem Arsen ab, daneben ist oft graues kristallinisches Arsen wahrzunehmen.

Diese Verbindungen haben die Zusammensetzung $R''S_2$ bzw. $R''As_2$, z. B. FeS_2.

Enthält die Substanz Schwefel und Arsen, so entsteht ein Sublimat von Schwefelarsen, das in der Kälte gelblichrot aussieht. Ist neben Schwefel noch Antimon enthalten, so erhält man ein kirschrotes Sublimat. Vorsichtig und langsam erhitzen!

Schwefelquecksilber in der geschlossenen Röhre erhitzt, geht als solches flüchtig, indem es ein schwarzes Sublimat bildet. Letzteres liefert jedoch einen roten Strich. Verflüchtigt sich nicht alles, so reagiert der Rückstand mit Glasflüssen manchmal auf Eisen und Kupfer.

Amalgame geben einen Beschlag von kleinen Quecksilberkugeln ab, die sich durch Klopfen zu einer größeren Kugel vereinigen lassen; es bleibt ein Rückstand, der an der Farbe meist schon das Metall erkennen läßt.

Probe auf Flußsäure siehe S. 82.

3. Prüfung in der offenen Röhre

Man stecke stets ein angefeuchtetes blaues Lackmuspapier in den oberen Teil der Röhre. Die Substanz lege man an das andere Ende ungefähr 2 bis 3 cm vom Röhrenanfang entfernt. Die Röhre wird alsdann unter einem Winkel von etwa 30 bis 40° geneigt über die Spiritusflamme gehalten.

Schwefelmetalle geben Schwefel-[II]-oxid ab, welches erkenntlich ist an dem stechenden Geruch und an der Rotfärbung des Lackmuspapieres. Sulfate siehe S. 33.

Arsensubstanzen geben Arsen-3-oxid ab, das sich als kristallinisches, weißes Sublimat in der Ferne rings um die Röhre absetzt und beim Erhitzen leicht flüchtig ist.

Antimonverbindungen entwickeln weiße Dämpfe, die sich in der Ferne absetzen und aus flüchtigem Antimon-3-oxid besteht. In der Nähe der Probe setzt sich gelblichweißes, *nicht* flüchtiges Sublimat von Antimon-[IV]-oxid (Sb_2O_4) ab.

Wismutverbindungen geben ein in der Hitze dunkelbraunes. kalt ein gelbes Sublimat.

Tellurverbindungen geben einen weißen Rauch von Tellur-2-oxid, der sich in der Röhre als weißes, nicht flüchtiges Sublimat ansetzt. Beim Erhitzen mit dem Lötrohr schmilzt dieses zu Tropfen.

Selen und *Selenmetalle* entwickeln ein gasförmiges Oxid, das nach verfaulten Rettichen riecht, und geben ein Sublimat von stahlgrauem kristallinischem und we.ter entfernt von rotem amorphem Selen.

HgS gibt bei langsamem, vorsichtigem Erhitzen einen Quecksilberspiegel, SO_2 geht flüchtig. Man verwende eine Röhre mit ziemlich großem Querschnitt (über 1 cm), da sonst zu wenig Sauerstoff zutritt und sich, ebenso wie bei zu starkem Erhitzen, noch ein schwarzes Sublimat von unzersetztem Schwefelquecksilber bildet. Amalgame geben metallische Kügelchen ab. Das Quecksilberspiegel kann man durch vorsichtiges Erhitzen von der anderen Seite her auf einen schmalen Ring konzentrieren. Durch Klopfen und Schütteln der Röhre bilden sich Tröpfchen bzw. Kügelchen von Quecksilber, falls dies nicht in zu geringen Mengen enthalten ist.

In vielen Fällen geben Bruchstücke der Substanz keine deutliche Reaktion. Man muß dann dieselben pulverisieren. Dies nimmt man meist auf dem Amboß mit Hilfe des Hämmerchens vor oder in einer Reibschale.

Die Sublimate müssen stets auf Flüchtigkeit geprüft werden, und zwar zuerst ohne, später mit Lötrohr, aber immer noch mit Hilfe der Spiritusflamme, und zwar so lange, bis die Glasröhre an der Stelle, an welcher die Probe liegt, geschmolzen ist.

4. Prüfung auf Kohle

Arsen verflüchtigt sich, ohne vorher zu schmelzen, entwickelt als As_2O_2 Knoblauchgeruch und gibt in ziemlicher Entfernung von der Probe einen weißen Beschlag von Arsen-[III]-oxid (As_2O_3). Der Beschlag kann beim Anblasen von einer Stelle zur andern getrieben werden und zeigt beim Berühren mit der Flamme einen fahlblauen Schein. Der Knoblauchgeruch rührt von As_2O_2 her; As_2O_3 riecht nicht.

Antimon schmilzt leicht zu einer Kugel und gibt einen weißen Oxidbeschlag (Sb_2O_3), der noch ziemlich flüchtig ist.

Blei schmilzt leicht zu einem Korn und gibt einen in der Wärme zitronengelben, in der Abkühlung grünlichgelben Bleioxidbeschlag, der umsäumt ist von einem weißen Bleikarbonatbeschlag. Bläst man einige Sekunden auf eine Stelle des Oxidbeschlags, so wird das Bleioxid zu Metall reduziert, welches sich nun wieder außerhalb der angeblasenen Stelle als gelber Ring von Bleioxid absetzt. Blei färbt die Flamme blau.

Wismut schmilzt leicht zu einem Korn und gibt einen in der Hitze orangefarbenen, in der Kälte zitronengelben Oxidbeschlag, der keine Färbung beim Berühren mit der Flamme zeigt.

Da die Beschläge von Blei- und Wismutoxid leicht verwechselt werden können, so ist es angebracht, einen Jodidbeschlag herzustellen. Man verwendet hierzu ein Gemisch von Schwefel und Jodkalium, bringt es zu dem betreffenden Metall auf die Kohle, entzündet den Schwefel, um das Jod aus dem Jodkalium freizubekommen, und bläst, nachdem der Schwefel verbrannt ist, kurze Zeit auf die Probe; es entstehen dann die Jodidbeschläge. Der Bleijodidbeschlag ist kanariengelb, der Wismutjodidbeschlag scharlachrot.

Silber schmilzt bei stärkerem Blasen zu einer blanken Kugel und gibt nur auf weißer Unterlage einen roten Oxidbeschlag. Als Unterlage verwendet man den weißen Antimonoxidbeschlag. Man verfährt dabei folgendermaßen: In das Grübchen auf Kohle bringt man Antimon und Silber; zunächst verflüchtigt sich das Antimon und gibt den weißen Antimonoxidbeschlag, auf dem sich dann nach längerem Blasen der karminrote Silberoxydbeschlag absetzt. Bei gleichzeitiger Gegenwart von Blei wird der Beschlag noch mehr karminrot. Auf einer Gipsplatte von weißer Farbe kann man direkt den roten Oxidbeschlag bekommen.

Cadmium ist leicht schmelzbar und entweicht in Dampfform als Oxid, das sich als rotbrauner Beschlag mit weißem Anflug absetzt und beim Bestreichen mit Silbernitrat blauschwarz wird.

Zink schmilzt leicht, leuchtet grünlich und gibt einen in der Hitze gelben, in der Kälte weißen Oxidbeschlag, der, wenn man mit der Oxidationsflamme daraufbläst, mit grünem Licht stark leuchtet. Der Oxidbeschlag läßt sich nicht verflüchtigen. Prüfung mit Kobaltsolution siehe S. 35.

Zinn schmilzt außerordentlich leicht und gibt einen weißen, nicht flüchtigen Oxidbeschlag in unmittelbarer Nähe der Probe. Da sich das leicht schmelzbare Metallkorn sehr gern mit Zinnoxid überzieht und so keinen Beschlag mehr geben kann, muß man es mit der Flamme berühren, bis das Metall wieder eine blanke Oberfläche bekommt. Prüfung mit Kobaltsolution siehe S. 35.

Selen entwickelt beim Anblasen braune Dämpfe und gibt in der Nähe der Probe einen matten stahlgrauen Beschlag von kristallinischem Selen, in einiger Entfernung einen roten Beschlag von amorphem Selen. Der charakteristische Geruch nach verfaulten Rettichen ist auf Kohle ebenfalls wahrzunehmen. Der Beschlag, mit der Flamme berührt, verschwindet mit blauem Schein.

Tellur ist leicht schmelzbar und gibt einen weißen Beschlag mit bräunlicher Einfassung, der beim Berühren mit grünem Schein verschwindet. Der Tellurjodidbeschlag ist braun bis purpurrot und zeigt einen dunklen Rand. Besonders auf einer Gipsplatte ist er sehr schön und deutlich zu erhalten.

Molybdän ist unschmelzbar, auch in Pulverform, und gibt, mit der äußeren Flamme erhitzt, einen an manchen Stellen aus durchsichtigen Kristallschuppen bestehenden Beschlag von Molybdän-[III]-oxid. In der Hitze ist derselbe gelblich, wird aber in der Abkühlung weiß. Wird die Stelle, an der die Probe liegt, mit der Flamme berührt, so wird die Kohle dunkelkupferrot und metallisch glänzend, von gebildetem Molybdänoxid herrührend, das sich nicht weiter verflüchtigen läßt. Berührt man den Beschlag nur wenig mit der gelben Flamme, so entsteht eine andere Oxidationsstufe des Molybdäns, molybdänsaures Molybdänoxid, welches eine schön dunkelbraune Farbe zeigt.

Die Chloride der Schwermetalle sind auf Kohle flüchtig und geben in der Ferne einen Chloridbeschlag, der seinerseits wieder leicht flüchtig ist. Zink- und Bleichloride schmelzen erst und geben zwei Beschläge: den weißen flüchtigen Chlormetallbeschlag und den nichtflüchtigen Oxidbeschlag näher der Probe.

Die Erdalkalien: *Strontium-*, *Calcium-* und *Bariumoxid*, *Magnesia* und *Tonerde* zeigen starkes Leuchten auf Kohle. Die erdige Substanz, nach starkem Durchglühen auf befeuchtetes rotes Lackmuspapier gebracht, färbt dieses blau.

Die Sulfide der Alkalien, wie Kaliumsulfid (K_2S) und Natriumsulfid (Na_2S) ziehen sich, auf Kohle angeblasen, zunächst vollkommen in diese hinein. Bei weiterem Blasen entsteht ein weißer Beschlag von Sulfat (K_2SO, Na_2SO_4).

Man stellt die Beschläge auch auf einem Objektträger aus Glas, der auf einer in einem Kohlenhalter eingespannten Kohle aufliegt, dar. Vorteilhaft ist ein solcher Objektträger besonders für mikroskopische Untersuchung des Beschlags.

5. Prüfung auf Flammenfärbung

Die Prüfung auf Flammenfärbung geschieht bei stark dekrepitierenden oder leicht schmelzenden Substanzen in Pulverform am Platindraht: Dieser muß vorher stets ausgeglüht werden, da er durch Berühren oder durch den Staub, der sich in der Luft befindet, meist die orangegelbe Natriumfärbung zeigt. Erst wenn der Flamme keine charakteristische Färbung erteilt wird, ist der Draht zu Färbungsversuchen brauchbar.

In allen anderen Fällen kann man einen Splitter der Substanz in die Platinschnabelspinzette nehmen. Viele Substanzen lassen beim Erhitzen mit der äußeren Lötrohrflamme oder vor dem blauen Kern der Flamme eine deutliche Färbung erkennen, wodurch man zum Teil in der Substanz befindliche Bestandteile ermitteln kann. Man muß manchmal stark, manchmal schwächer blasen, da sich die verschiedenen Substanzen verschiedenartig verhalten. Ebenso muß man bei Prüfungen die verschiedenen Abänderungen der Flamme anwenden; oft erhält man am Saum der äußeren Flamme schon eine charakteristische Färbung, oft ist dieselbe besser, wenn man die Probe vor die Spitze des blauen Kerns bringt.

Viele Stoffe, besonders die Alkalien und Erdalkalien, sind sicher dadurch zu erkennen, daß sie einer nicht leuchtenden Flamme eine charakteristische Färbung erteilen, welche bedingt wird durch das Verdampfen eines minimalen Teils der Mineralprobe, der zum Leuchten angeregt wird. Die besten Färbungen werden von den Chlorverbindungen erzeugt, weshalb man die Probe oft in Salzsäure eintaucht, um das leicht flüchtige Chlorid zu erhalten.

Die Flammenfärbungsversuche gelingen am besten in dunklem Zimmer; ein Ort, wo direktes Sonnenlicht oder große Helle herrscht, ist zu vermeiden. Oft kann man sich mit einem dunklen Hintergrund helfen.

Die Färbungen sind folgende:

1. Rote Flammen:

Lithium: karminrot,
Strontium: purpurrot,
Calcium: gelblichrot.

Besonders schöne Färbungen geben die Chloride von Strontium und Calcium.

2. Gelbe Flammen:

Natrium: orangegelb.

Alle Natriumsalze und Natriumsilikate färben die Flamme andauernd rötlich- bis orangegelb. Sind andere flammenfärbende Bestandteile vorhanden, so werden die Färbungen derselben mehr oder weniger verdeckt; oft treten sie jedoch hervor, wenn man die Substanz in Schwefelsäure taucht, z. B. Borax ($Na_2B_4O_7 + 10\,H_2O$) färbt die Flamme rötlichgelb, nach Eintauchen in H_2SO_4 tritt kurze Zeit die apfelgrüne Färbung der Borsäure auf.

Bringt man in die Nähe einer Natriumflamme mit Quecksilberjodid bestrichenes Papier, so erscheint dieses farblos.

3. Violette Flammen:

Kalium: violett,
Rubidium: violett,
Caesium: violett.

Ist in einer Kaliumverbindung nur wenig Natrium enthalten, so wird die violette Färbung entweder überhaupt nicht sichtbar oder nur der Kern schwach violett gefärbt. Man verwendet in solchen Fällen ein Kobaltglas (ein durch Kobaltoxid blau gefärbtes Glas) oder eine in einem Prisma befindliche Indigolösung (Indigoprisma). Solche Gläser absorbieren die gelbe Natriumfärbung und lassen die Kalifärbung rotviolett erscheinen. Neben Lithium erkennt man Kalium insofern, als die Kaliumflamme durch alle Schichten des Prismas wahrgenommen werden kann, während das Rot von Lithium bei einer bestimmten Dicke der Indigoschicht verschwindet.

4. Blaue Flammen:

Kupferchlorid: azurblau,
Kupferbromid: grünlichblau,
Arsen: fahlblau,

Selen: kornblumenblau, Blei: blau.	beim Berühren mit der Flamme auf Kohle besonders deutlich

Kupferchlorid färbt anfangs stark azurblau; später jedoch, nachdem das Chlor verflüchtigt ist, tritt die grüne Färbung von Kupferoxid auf. — Selen verflüchtigt sich auf Kohle mit kornblumenblauem Schein und verbreitet den charakteristischen Geruch nach verdorbenen Rettichen.

Metallisches Blei schmilzt auf Kohle und umgibt sich beim Berühren mit blauem Flammenschein. Die Salze des Bleis geben meist deutliche Blaufärbung. Sowohl auf Kohle als auch in der Pinzette färben metallisches Arsen und Arsensalze, falls sie keine anders färbenden Bestandteile enthalten, deutlich fahlblau.

5. Grüne Flammen:

Kupferoxid: smaragdgrün,
Borsäure: apfelgrün,
Bariumsalze: gelbgrün,
Molybdän: gelbgrün, (viel gelb)
Antimon: fahlgrün,
Phosphor: bläulichgrün,
Thallium: grasgrün.

Ist neben Borsäure Natrium vorhanden, so tritt die apfelgrüne Färbung von Bor nur dann auf kurze Zeit auf, wenn man die fein gepulverte Substanz am Öhr eines Platindrahtes mit Schwefelsäure befeuchtet, wodurch Borsäure frei wird.

Enthalten Substanzen neben Barium noch Calcium, so ist letzteres nach Befeuchten des Pulvers mit Salzsäure auf kurze Zeit durch die gelblichrote Flammenfarbe zu erkennen, da das sich bildende Calciumchlorid flüchtiger ist als Bariumchlorid.

Molybdän färbt gelbgrün, und zwar viel mehr gelb als Barium. Plattner bezeichnet die Farbe als zeisiggrün.

Antimon auf Kohle geschmolzen und mit der Flamme berührt, umgibt sich mit fahlgrünem Schein, ebenso Thallium mit intensiv grünem, Kupferoxid mit smaragdgrünem Schein.

Phosphorsaure Salze geben teils ohne weiteres, teils erst nach Befeuchten mit Schwefelsäure die fahlbläuliche Färbung.

Bleiphosphate färben die Spitze der vom Bleioxid blau gefärbten Flammen grün.

Hat man Strontium, Calcium, Lithium und Barium nebeneinander, so kann man nur mit Hilfe des Spektralapparates eine Unterscheidung der genannten Elemente treffen. Man erzeugt die zur Erkennung der Alkalien und Erdalkalien benutzten Spektra gewöhnlich mit der Flamme des Bunsenbrenners und nennt sie kurzweg Emissionsspektren. Das ausgesandte Licht wird spektral zerlegt und entweder okular beobachtet oder auf der Photoplatte festgehalten.

Aus der Lage der Spektrallinien zueinander erkennt man die qualitative Zusammensetzung. Die Intensität der Linien dient als Grundlage der quantitativen Analyse.

6. Prüfung auf Schmelzbarkeit

Substanzen, die in der Hitze das Platin nicht angreifen werden in der Platinpinzette auf Schmelzbarkeit untersucht, und zwar in der Weise, daß man einen der dünnsten Splitter mit scharfen Kanten faßt und dann die Spitze desselben mit starker Oxidationsflamme anbläst. Hat man gefunden, daß die Substanz dekrepitiert, so muß man einen im Glaskölbchen erhitzten und bereits dekrepitierten Splitter nehmen. Zerfällt die Substanz zu Pulver, so verfährt man folgendermaßen: Man reibt die pulverisierte Substanz mit wenig Wasser im Achatmörser fein, streicht den dünnen Brei auf Kohle und erhitzt ihn so lange mit der Lötrohrflamme, bis die breitgestrichene Masse lose auf der Kohle liegt. Die zusammenhängende Platte, die nun entstanden ist, nimmt man in die Pinzette und erhitzt mit guter Oxidationsflamme die äußeren Kanten.

Das Erhitzen hat bei Prüfung auf Schmelzbarkeit so zu geschehen, daß die Probe 2 bis 3 mm vor den blauen Kegel der reinen Oxidationsflamme gehalten wird.

Die unschmelzbaren Substanzen behalten ihre scharfen Kanten ungeändert bei, die schwer schmelzbaren runden sich an den Kanten ab, die leicht schmelzbaren lassen eine kugelige Gestalt erkennen.

v. Kobell hat folgende Schmelzbarkeitsskala angegeben:

1. Antimonit: schmilzt schon an der Kerzenflamme und am Streichholz.
2. Natrolith: sehr leicht schmelzbar vor dem Lötrohr, auch in großen Stücken; in dünnen Nadeln auch an der Kerzenflamme.
3. Almandin: ebenfalls noch leicht schmelzbar vor dem Lötrohr.
4. Aktinolith (Strahlstein): schmilzt leicht nur an den Kanten.
5. Orthoklas: schmilzt schwer an den Kanten.
6. Bronzit: nur sehr feine Splitter können bei starkem und langem Blasen an den Kanten geschmolzen werden.

Will man den Grad der Schmelzbarkeit einer Substanz genauer bestimmen, so kann man ihn mit einem der Mineralien der Skala vergleichen.

Besteht die Substanz aus einem Metall oder einer Metallverbindung, aus Schwefelmetallen, oder enthält sie sonstige Bestandteile, die in der Hitze das Platin angreifen, so legt man sie auf Kohle und prüft hier den Grad der Schmelzbarkeit, Man kann ihn hier jedoch, sobald er über 3 ist, schwer bestimmen.

II. Prüfung mit Reagenzien

7. Borax- und Phosphorsalzperlen

Die nichtflüchtigen Metalloxide, d. h. Metalloxide, die auf Kohle keinen Beschlag geben, löst man in Perlen auf. Die Borax- und Phosphorsalzperlen zeigen mit den gleichen Metalloxiden nicht immer Übereinstimmung in der Färbung. In manchen Fällen sind die Färbungen in der Boraxperle, in anderen die in der Phosphorsalzperle charakteristischer.

a) Boraxperlen

Der geschmolzene Borax hat die Eigenschaft, Metalloxide aufzulösen. Hierbei werden die Metalloxide addiert und in letzter Linie Metaborate des Natriums und der Schwermetalle gebildet; es wird z. B. FeO gelöst zu:

$$Na_2B_4O_7 + FeO = Fe\,(BO_2)_2 + 2\,NaBO_2\,,$$

und Eisen-(III)-oxid (Fe_2O_3) wird gelöst zu:

$$3\,Na_2B_4O_7 + Fe_2O_3 = 2\,Fe\,(BO_2)_3 + 6\,NaBO_2.$$

Wendet man die Oxide in Gestalt ihrer Salze an, so entweichen die flüchtigen Säuren. Die nichtflüchtige Kieselsäure wird dabei stets leicht und klar gelöst. (Unterschied von Phosphorsalz S. 30.)

Viele Metalloxide geben dabei charakteristische in der Oxidations- und Reduktionsflamme verschiedene Färbungen, die in Boraxperlen am Platindraht durch Schmelzen mit dem Lötrohr hergestellt und zur Erkennung gewisser Metalloxide verwertet werden.

Man benutzt einen dünnen, leicht biegsamen Platindraht, den man gewöhnlich in einen Halter einläßt (siehe S. 00), und bringt am oberen Ende des Drahtes durch Umbiegen ein Öhr an, dessen Durchmesser 3 bis 4 mm beträgt (Fig. 9). Um den Borax am Drahte zu befestigen, macht man das Öhr glühend, taucht es in Borax und schmilzt denselben zu Glas. Dies wird sol ange wiederholt, bis das ganze Öhr mit einer wasserhellen Perle ausgefüllt ist. Die glühende Perle wird nun in das feine Pulver der Probe getaucht. Man fertigt zunächst die Oxidationsperle an und beobachtet nach längerem Blasen die Färbung des Glases. Die angegebenen Färbungen beziehen sich nur auf kalte Perlen, in der Hitze beobachtet man oft andere Färbungen.

Fig. 9

Da die färbende Kraft der Metalloxide verschieden ist, so ist es zweckmäßig, anfangs wenig Pulver aufzulösen und erst später zu vermehren. Hat man zu viel aufgelöst, so daß eine dunkle, undurchsichtige Perle entstanden ist, so kann man sich helfen, indem man sie, solange sie heiß und weich ist, mit einem Pistill zu einem linsenförmigen Glas breitdrückt, oder dadurch, daß man sie abstößt, indem man mit dem Ballen der linken Hand kräftig auf den Tisch schlägt und von neuem Borax an den Draht anschmilzt. Allerdings muß im letzteren Falle am Draht noch Metalloxid oder ein Teil der Perle haften. Sonst nimmt man wenig Pulver auf.

Nachdem man in der Oxidationsflamme die Substanz gelöst und beobachtet hat, behandelt man die Perle mit der Reduktionsflamme. Dabei hüllt man die Perle ganz in die Flamme ein und bläst so, daß die Perle nicht berußt wird. Solche Metalloxide, die sich leicht zu Metall reduzieren lassen (Kupferoxid, Nickeloxid usw.) und so den Platindraht beschädigen, müssen zur Reduktion auf Kohle erhitzt werden. Zu diesem Zweck muß die glühende Perle vom Draht gestoßen werden.

Um in zweifelhaften Fällen die Färbung der Perlen zu vergleichen, ist es angebracht, reine Metalloxide vorrätig zu halten. Es geben nämlich weder Beschreibungen noch farbige Tafeln ein der Wirklichkeit entsprechendes Bild. V. Goldschmidt ließ Tafeln aus farbigen Gläsern anfertigen, die sehr gut zu Vergleichszwecken verwendet werden können. Die einzelnen Farbgläser sind 3 cm lang und 1 cm breit.

Borax-Oxidationsperlen:

Gelbe Perlen:

Eisenoxid: in der Wärme rötlichgelb.

Uranoxid: strahlt in der Glühhitze ein grünes Licht aus.

Vanadinoxid: in der Wärme braungelb.

Chromoxid: nur bei schwacher Sättigung; nach dem Erkalten grüngelb.

Molybdänoxid, Wolframsäure, Titanoxid: bei starker Sättigung; in der Kälte farblos.

Rote und braune Perlen:

Nickeloxid: rotbraun bis braun.

Kobalthaltiges Nickeloxid: violettbraun, bei wenig Kobalt rotbraun. Nickelverbindungen müssen stets auf einen Kobaltgehalt untersucht werden, und zwar so, daß man die durch viel aufgelöste Substanz undurchsichtige Perle abstößt und auf Kohle mit Blei reduziert. Das reduzierte Nickel verbindet sich mit dem Blei, und es bleibt ein smalteblaues Glas zurück, dessen Färbung je nach dem Gehalt an Kobalt mehr oder weniger stark ist.

Eisenoxid: nach der Abkühlung gelb.
Uranoxid: nach der Abkühlung gelb.
Manganhaltiges Eisenoxid: braunrot.
Manganoxid: heiß violett, in der Kälte almandinrot.

Blaue Perlen:
Kobaltoxid: smalteblau.
Kupferoxid: grünlichblau; in der Hitze grün.
Manganhaltiges Kobaltoxid: amethystfarben.

Grüne Perlen:
Chromoxid: gelbgrün, heiß gelb.
Kupferoxid: grün in der Wärme; in der Kälte gelblichblau.

Borax-Reduktionsperlen:

Gelbe Perlen:
Titanoxid, Wolframoxid: in der Wärme schwachgelb.

Blaue Perlen:
Kobaltoxid: smalteblau.

Grüne Perlen:
Eisenoxid: gelblichgrün, auf Kohle mit Zinn vitriolgrün.
Uranoxid: gelblichgrün.
Chromoxid: smaragdgrün.
Vanadinoxid: chromgrün.

Andersfarbige Perlen:
Molybdänoxid: dunkelgrau und undurchsichtig.
Nickeloxid: grau; durch Reduktion bildete sich Nickel.
Kupferoxid: siegellackrot durch Reduktion und undurchsichtig. Man vermeide aber eine solche Reduktion am Platindraht, da dieser mit Kupfer legiert wird. Die Boraxreduktionsperle von Kupferverbindungen wird auf Kohle leicht erhalten. Das Kupfer ist darin oft nur unvollständig reduziert.

b) Phosphorsalzperlen

Phosphorsalz ist wasserhaltiges Natriumammoniumphosphat ($NH_4NaHPO_4 + 4\,H_2O$). Das beim Schmelzen des Phosphorsalzes entstehende Natriummetaphosphat hat wie Borax die Eigenschaft, Metalloxide in der Glühhitze zu lösen. Dabei wird das Metalloxid dem Natriummetaphosphat addiert unter Bildung von Orthophosphaten. So wird das Oxid des zweiwertigen Eisens nach folgender Gleichung aufgenommen:

$$3\,NaPO_3 + 3\,FeO = Na_3PO_4 + Fe_3(PO_4)_2.$$

Sonst verfährt man im allgemeinen gerade so, wie mit der Boraxperle. Da das Phosphorsalz beim Anschmelzen an den Draht unter Entweichen von Ammoniak und Wasser stark kocht und dabei sich kräftig aufbläht, um schließlich abzufallen, ist es nur nach und nach in kleinen Quantitäten an den Draht zu schmelzen.

Die nichtflüchtige Kieselsäure wird in der Phosphorsalzperle nicht gelöst, sondern schwimmt als sogenanntes Kieselskelett in der Perle. Durch dieses Verhalten lassen sich die Silikate erkennen. Nur bei sehr langem Erhitzen mit viel Natriummetaphosphat kann man Kieselsäure in Lösung bringen, indem allmählich die Phosphorsäure verflüchtet wird und sich zum Schluß Natriumsilikat bildet.

Zu bemerken ist noch, daß im Phosphorsalz eine größere Menge der Substanz aufzulösen und die Reduktionsperle schwieriger zu erhalten ist als im Borax:

Phosphorsalz-Oxidationsperlen:

Gelbe Perlen:
- Uranoxid.
- Eisenoxid.
- Vanadinoxid.
- Nickel-(II)-oxid: in der Wärme rotgelb.
- Wolframoxid, Molybdänoxid, Titanoxid } nur in der Wärme, sonst farblos.

Blaue Perlen:
Kobalt-[II]-oxid: smalteblau.
Kupferoxid: himmelblau.

Rötliche Perlen:
Chromoxid } in der Wärme.
Eisenoxid } in der Wärme.
Manganoxid: in der Kälte amethystfarben.

Grüne Perlen:
Kupferoxid: nur in der Wärme, sonst blaugrün.
Molybdänoxid: in der Wärme gelbgrün.
Uranoxid: gelbgrün; heiß gelb.

Phosphorsalz-Reduktionsperlen:

Gelbe Perlen:
Nickel: in der Wärme rötlichgelb.
Titan: nur in der Hitze gelb.

Braune und rote Perlen:
Eisenoxid: in der Wärme gelblichrot, in der Kälte zuerst grün, dann rauchbraun bis rauchgrau.
Eisenhaltiges Titanoxid } blutrot.
Eisenhaltige Wolframsäure } blutrot.

Blaue Perlen:
Kobaltoxid: smalteblau.
Wolframoxid: saphirblau.
Titanoxid: amethystfarben (kalt).

Grüne Perlen:
Uranoxid.
Vanadinoxid.
Molybdänoxid.
Chromoxid: smaragdgrün.

Hat man Kupfer in den Oxidationsperlen festgestellt, so vermeide man die Reduktionsperle am Platindraht, da sich metallisches Kupfer ausscheidet und sich mit Platin legiert. Die Reduktionsperle stelle man auf Kohle her. Ebenso verfahre man mit Nickeloxid.

Zusammenstellung der Perlfärbungen

1. Verhalten zu Borax:

	Oxidationsfeuer	Reduktionsfeuer
Eisenoxid	gelb bis rötlichgelb	flaschengrün
Uranoxid	gelb	flaschengrün
Vanadinoxid	gelb	grün
Chromoxid	gelbgrün	smaragdgrün
Kupferoxid	himmelblau	rot Cu_2O); auf Kohle
Kobaltoxid	smalteblau	smalteblau
Manganoxid	rosarot	farblos bis schwach rosa
Nickeloxid	rotbraun	grau, auf Kohle
Titanoxid	farblos	farblos
Wolframoxid	farblos	farblos
Molybdänoxid	farblos	grauschwarz; auf Kohle.

2. Verhalten zu Phosphorsalz:

	Oxidationsfeuer	Reduktionsfeuer
Eisenoxid	gelb	rauchbraun
Uranoxid	gelbgrün	grün
Vanadinoxid	gelb	grün
Chromoxid	smaragdgrün	smaragdgrün
Kupferoxid	himmelblau	rot; auf Kohle
Kobaltoxid	smalteblau	smalteblau
Manganoxid	amethystfarben	farblos
Nickeloxid	goldgelb	goldgelb
Titanoxid	farblos	amethystfarben[1])
Wolframoxid	farblos	saphirblau[1])
Molybdänoxid	farblos	grün.

8. Prüfung mit Soda, Cyankalium, Kaliumoxalat und Kaliumbisulfat

Viele Metalloxide lassen sich mittels der Reduktionsflamme zu Metall reduzieren oder als Oxid verflüchtigen. Es gibt jedoch einige, die sich nur sehr schwer oder gar nicht auf Kohle

[1]) Durch Zusatz von Eisenoxid blutrot.

ohne weiteres reduzieren lassen. Um die Reduktion herbeizuführen, wendet man alsdann ein Reduktionsmittel an, und zwar gewöhnlich Soda. Für sich allein auf Kohle geschmolzen, zieht Soda vollständig in sie hinein. Um eine Substanz zu reduzieren, mengt man sie, nachdem sie fein gepulvert ist, auf der Hand mit ungefähr dem dreifachen Volumen Soda zusammen, feuchtet mit Wasser an und streicht das Gemenge auf Kohle. Man bläst nun reduzierend auf die Probe und sieht, falls die Substanz zersetzt wurde, die reduzierten Metallkugeln, die man nun weiter auf ihre Eigenschaften (Farbe, Glanz, duktil, spröd usw.) prüfen kann.

Soda ist jedoch nicht in allen Fällen ausreichend, um eine Reduktion herbeizuführen. Man kann stärkere Reduktionsmittel verwenden, wie Kaliumoxalat und Cyankalium.

Durch Reagenzien wird die Beschlagbildung bei geschicktem Blasen nicht beeinträchtigt.

Oft kommt es vor, daß sich nur kleine Metallteilchen oder Kügelchen bei der Reduktion bilden, die mit bloßem Auge kaum oder gar nicht wahrgenommen werden können. Man bricht dann die ganz mit Soda durchzogene Stelle der Kohle heraus, reibt in einem Achatmörser das ganze Gemisch zu feinem Pulver, gibt einige Tropfen Wasser zu, reibt noch einmal und fängt endlich an, zu schlämmen, indem man den Mörser bis dreiviertel mit Wasser füllt, das letztere abgießt und dies zwei- bis dreimal wiederholt, bis alle nicht metallischen Teilchen verschwunden sind. Enthält die untersuchte Substanz nur geringe Mengen eines Metalloxides, so finden sich am Boden plattgedrückte Flitterchen oder metallisches Pulver, je nachdem das reduzierte Metall leicht schmelzbar und geschmeidig oder schwer schmelzbar und ungeschmeidig war. Das zurückgebliebene Metall kann nun weiter untersucht werden auf Kohle oder in der Perle.

Zum Nachweis von Schwefelsäure macht man die sogenannte *Heparreaktion.* Die fein pulverisierte Substanz wird mit ungefähr dem dreifachen Volumen Soda gemengt, das Gemisch angefeuchtet und auf Kohle gestrichen. Man bläst nun so lange reduzierend, bis auf der Kohle keine emaillierte Masse mehr zu sehen ist. Das gebildete Schwefelnatrium (Na_2S) hat sich in die Kohle hineingezogen; es wird nun herausgekratzt, auf ein Silberblech gebracht und mit einem oder zwei Tropfen Wasser begossen. Der Geruch nach Schwefelwasserstoff ist alsbald wahrzunehmen; auf dem Silberblech oder der benutzten Silbermünze sind leberbraune Flecken von Schwefelsilber zu sehen. Natürlich ist zu dieser Probe eine von Schwefel freie Soda zu verwenden. Man prüfe deshalb stets zuerst die zu benützende Soda auf einen Schwefelgehalt.

Kieselsäure schmilzt mit ungefähr dem eineinhalbfachen Volumen Soda gemengt zu einem klaren, farblosen Glase. Ist der Gehalt an alkalischen Basen nicht zu groß, so geben Silikate, Borate und Phosphate ebenfalls farblose Gläser. Borate und Phosphate unterscheiden sich von einem Silikat schon durch die grüne Flammenfärbung.

Substanzen, die *Mangan* in ganz geringer Quantität enthalten, mengt man mit Soda und ein wenig Salpeter, feuchtet wiederum an und bringt den Teig auf ein Platinblech, das man oxidierend anbläst. Das Gemenge schmilzt und läuft auf dem Blech breit. Es wird mangansaures Natron gebildet, das in der Kälte eine blaugrüne Färbung annimmt. Ebenso läßt sich Chrom nachweisen; beim Erkalten entsteht eine gelbe, undurchsichtige Schmelze von chromsaurem Natrium.

Ist in Substanzen, die vollkommen flüchtig sind und die im Kölbchen ein Sublimat geben, Ammoniak oder Quecksilber vorhanden, so kann man Ammoniak resp. Quecksilber, die vorher nicht wahrzunehmen sind, freimachen, indem man die Substanz mit Soda gemengt, im Kölbchen erhitzt. Ammoniak ist deutlich durch den Geruch und die Blaufärbung des roten Lackmuspapiers zu erkennen. Das Quecksilber setzt sich in Tropfen ab. Bei wenig Substanz bildet sich nur ein grauer Anflug, der nicht immer zu definieren ist. Man hält nun während des Erhitzens einen mit Blattgold umwickelten Draht hinein. Es bildet sich dann ein weißes Amalgam.

Mit Kaliumbisulfat gemengte pulverisierte Substanzen lassen im Kölbchen, falls sie Halogene oder gewisse Säuren enthalten, diese als Gase an ihrem Geruch oder an der Farbe erkennen.

Bromide und Bromate geben rötlichbraune, Jodide und Jodate violette Dämpfe ab, während Chloride farblose Dämpfe abgeben.

Nitrate entwickeln braunrote Dämpfe von HNO_2, Schwefelwasserstoff ist durch den Geruch wahrzunehmen.

9. Prüfung mit Kobaltsolution

Mit Kobaltsolution behandelt man die weißen Beschläge von Zinn- und Zinkoxid nach dem Erkalten, indem man am Rande den Tropfen, den man mittels des Hebers aus dem Fläschchen herausholt, aufsetzt. Der weiße Beschlag verschwindet zunächst in den durchfeuchteten Stellen. Man bläst nun einige Zeit oxidierend auf die Stelle, auf welcher die Substanz gelegen hat, so daß von da aus der ganze Beschlag durchglüht wird. Der Zinnoxidbeschlag wird *blaugrün*, der Zinkoxidbeschlag *grasgrün* gefärbt. Es bilden sich dabei Kobaltostannat $CoSnO_2$ und Kobaltozinkat $CoZnO_2$. [$ZnO + Co(NO_3)_2 = CoZnO_2 + 2\,NO_2 + O$.]

Bei Anwesenheit von mehr Kobaltnitrat, als der Gleichung entspricht, bildet sich daneben schwarzes Co_3O_4.

Wegen der schwarzen Unterlage ist bei kleinen Mengen die Reaktion unsicher; man kann sie daher deutlicher bekommen, wenn man den Beschlag auf ein Glasplättchen, welches man auf die Kohle gebracht hat, bringt und diesen mit Kobaltsolution benetzt.

Von den Erden geben Aluminium- und Magnesiumoxid mit Kobaltsolution ebenfalls charakteristische Reaktionen. *Aluminiumoxid* nimmt eine *lasurblaue* (Thénards Blau), *Magnesiumoxid* eine *fleischrote* bis *violette* Färbung an. Besonders Magnesiumarsenate und -phosphate lassen deutlich die violette Farbe erkennen.

Kieselsäure nimmt mit Kobaltsolution eine schöne, *smalteblaue* Färbung an.

Die Mineralien der Aragonitreihe werden in pulverisiertem Zustand mit Kobaltsolution violettrosa, während die der Kalkspatreihe weiß bis grau bleiben (Meigen'sche Reaktion).

Es sei bemerkt, daß nur weiße Substanzen mit Kobaltsolution behandelt werden können. Enthalten z. B. die erdigen Substanzen färbende Metalloxide, so erhält man eine graue bis schmutzige Masse. Ferner dürfen bereits mit Soda geschmolzene Massen nicht mit Solution behandelt werden.

III. Andere Erkennungsmethoden von Mineralien

als Ergänzung der Lötrohr- und Tüpfelproben

Das Mineral ist eine chemisch wohldefinierte Verbindung, also stofflich einheitlich, und ein anorganischer, natürlicher Bestandteil der festen Erdkruste. Nur einige wenige sind organische Mineralien (S. 80). Kohlen- und Erdölgesteine sind Sedimentgesteine. In den Meteoriten finden sich Mineralien fremder Himmelskörper. Meist sind die Mineralien Kristalle, d. h. feste Körper, deren Eigenschaften gesetzmäßig von der Richtung abhängen. Nur wenige Mineralien kommen in Gestalt eines amorphen Pulvers oder toniger und gallertartiger, meist eingetrockneter Massen vor. Es gibt etwa 1200 einigermaßen gut definierte Mineralien. Die Zahl erhöht sich beträchtlich durch chemisch mehr oder weniger abweichende Verbindungen, Synonyma, isomorphe Bildungen usw. Man schätzt bis zu 6000 Mineralien. Das ist entschieden zu hoch. siehe S. 100

Was hier für die Naturprodukte hinsichtlich der Erkennungsmethoden gilt, ist auch für Laboratoriums- und Hüttenprodukte gültig.

Obwohl die chemische Konstitution eines Minerals ein wichtiges, charakteristisches Merkmal ist, so hat man doch neben der chemischen Erkennungsmethode die physikalischen Eigenschaften, namentlich die äußeren Kennzeichen, zu berücksichtigen. Als solche kommen in Betracht: Spaltbarkeit, Bruch, Härte, spezifisches Gewicht, Doppelbrechung, Pleochroismus, Körperfarbe, Strich, Glanz, besondere Licht- und Farbenerscheinungen (Phosphoreszieren, Fluoreszieren, Opalisieren, Irisieren), die magnetischen, elektrischen und thermischen Eigenschaften und endlich physiologische Kennzeichen, wie Geschmack, Geruch und Anfühlen. Bei vielen Mineralien ist die eine oder andere Eigenschaft so charakteristisch und auffallend, daß keine oder nur noch wenige Prüfungen nötig sind. Sehr viele Mineralien sind kristallisiert; durch Bestimmung des Kristallsystems kann man oft gute Anhaltspunkte erzielen.

Da die physikalischen und kristallographischen Eigenschaften als „*Vorproben*" bei Lötrohrversuchen in Betracht kommen, mögen hier die wichtigsten Kennzeichen erwähnt werden. Siehe auch Schrifttum Seite 7

Bruch. Beim Zerschlagen oder Zerbrechen erhält man entweder ebene Flächen (Spaltflächen) oder es entstehen unebene Flächen, die man als Bruchflächen bezeichnet; man unterscheidet muschligen, ebenen, unebenen, splittrigen, erdigen Bruch usw.

Spaltbarkeit. Viele Mineralien lassen beim Zerschlagen ebene Flächen erkennen. Diese Spaltflächen sind immer dicht besetzte Netzebenen. Sie sind bestimmten Kristallflächen mit niedrigen Indizes parallel und werden mit Hilfe eines Messers oder Meißels hervorgebracht. Oft kommen Mineralien meist schon gespalten vor, wie manche Glimmer, Gips (Marienglas), Zinkblende, Feldspat, Bleiglanz, Kalkspat, Flußspat, Schwerspat. Je nachdem die Spaltflächen glatt und eben sind, bezeichnet man den Grad der Spaltbarkeit als sehr vollkommen, vollkommen, wenig vollkommen und unvollkommen.

Mit *Härte* bezeichnet man den Widerstand, den ein Mineral beim Ritzen mit einem anderen Mineral entgegensetzt. Zum Vergleich dient die Mohssche Härteskala: 1. Talk, 2. Gips, 3. Kalkspat. 4. Flußspat, 5. Apatit, 6. Orthoklas, 7. Quarz, 8. Topas, 9. Korund, 10. Diamant. Jedes folgende Mineral ritzt das vorhergehende.

Versuche haben gezeigt, daß der Unterschied der Härte zwischen den Anfangsgliedern der Härteskala viel geringer ist als zwischen den höheren Gliedern. Der Unterschied zwischen den höchsten Gliedern ist ein sehr großer. Nach Erfahrung der Edelsteinschleifer ist die Härtedifferenz von Diamant und Korund viel größer als die Unterschiede der vorhergehenden Härtegrade zusammen. Rosiwal ermittelte die absolute Härte durch Abschleifen und erhielt folgende Werte: Talk = 49,6, Steinsalz = 109, Kaltspat = 202, Flußspat = 210, Apatit = 322, Orthoklas = 1000 bis 2000 (auf verschiedenen Kristallflächen große Unterschiede), Quarz = 5250, Topas = 6280, Korund = 45000. Diamant erreicht den 90fachen Betrag des Korunds. Bei einigermaßen Übung kann man auch durch Schaben mit dem Messer oder durch Feilen, deren Stahl die Härte zwischen 6 und 7 hat, die Härte feststellen. Talk und Gips lassen sich schon mit dem Fingernagel ritzen, Kalkspat und Flußspat geben mit dem Messer sofort ein Pulver ab, Apatit schwerer, Feldspat kaum noch etwas. Die Härten 7 bis 10 lassen sich annähernd feststellen durch den Ton beim Kratzen. Zur genaueren Bestimmung dienen Skleroskop, Sklerometer, und zur Feinmessung Mikrohärteprüfgeräte mit photographischer Registrierung der Eindrucktiefe. Die Vickers-Pyramide bestimmt in erster Linie die Härte metallischer Werkstoffe. Die Härteprüfer nach Brinell sind Kugelschlagprüfer.

Spezifisches Gewicht oder Dichte ist die Zahl, die angibt, wieviel mal so groß das Gewicht eines Stoffes ist als das Gewicht des gleichen Volumens Wasser. Meist läßt sich schon durch Wuchten in der Hand etwas darüber aussagen, doch nur bei größeren Stücken. Die Erze haben im allgemeinen eine Dichte über 5, die gesteinsbildenden Mineralien unter 4. Der Mineralbestimmer wendet mit Vorliebe das *Pyknometer* und die schweren Flüssigkeiten an. Das Pyknometer ist ein kleines, etwa 10 bis 16 ccm fassendes Glasgefäß, verschließbar mit einem nach oben verlängerten und durch einen feinen Kanal durchbohrten Glasstopfen, wodurch das Gefäß genau mit Wasser ausgefüllt wird. Das Gewicht des Pyknometers mit Wasser ist für Zimmertemperatur bekannt (p). Das Mineral vom Gewicht g wird in Form kleiner Körner oder pulverisiert in das Gefäß gebracht und wieder Wasser eingefüllt. Das Ganze wird gewogen (q). Dann ist die Dichte $= \frac{g}{p + g - q}$.

Schwere Flüssigkeiten oder Lösungen, wie Thouletsche Lösung (Kaliumquecksilberjodid) mit der Dichte bis 3,19, Cadmiumborowolframat, Methylenjodid bis 3,3 und Clerici-Lösung (Thalliummalonat und -formiat, giftig!) bis 4,2 gestatten höchste Dichten bis 4 zu bestimmen, dienen aber auch zur Trennung von Mineralgemengen. Methylenjodid darf nicht mit

Wasser, sondern nur mit Aether oder Benzol verdünnt werden. Ein Mineral schwebt, wenn es dieselbe Dichte wie die Flüssigkeit hat. Man verwendet nun etwa ein Dutzend Vergleichsmineralien von bekannter Dichte etwa zwischen 1,5 und 3, sog. Indikatoren. Man hat auch die schweren Flüssigkeiten zur Mineraltrennung verwandt. Wenn man nämlich ein Mineral mit dem Lötrohr untersuchen will, so muß es rein sein, und etwaige Beimengungen in Form von Verwachsungen sind zu entfernen. Vielfach kann man erst beim Zerkleinern bis zur Pulverform eine reine Substanz gewinnen. Leichte Mineralien, wie die Gangarten, werden schwimmen und die schweren untersinken. Die Lösungen wird man dann verdünnen und wieder schwebende oder schwimmende Mineralien erhalten. Mit einem Scheidetrichter kann man dann isolieren. Ein schwebendes Mineral hat dieselbe Dichte wie die Flüssigkeit, deren Dichte ebenfalls mit dem Pyknometer oder mit der Mohr-Westphalschen oder einer Mikro-Waage sich leicht ermitteln läßt.

Doppelbrechung. Die amorphen und regulären (kubischen) Mineralien brechen das Licht einfach, die der anderen Systeme doppelt. Letztere sind optisch anisotrop, die ersteren optisch isotrop. Zur Untersuchung der optischen Eigenschaften dienen meist planparallele Platten, die durch Anschleifen erhalten werden. Zur Ermittlung der Doppelbrechung dient die Turmalinzange, bestehend aus zwei zur Hauptachse parallel geschnittenen Turmalinplatten. Die eine ist der Polarisator, der polarisiertes, d. h. nur in einer Ebene schwingendes Licht herstellt, die andere der Analysator. Stehen Polarisator und Analysator parallel, so wird das Licht durchgelassen und es tritt Helligkeit auf, sind sie gekreuzt, so Dunkelheit. Wird ein doppelbrechendes Mineral zwischen die gekreuzten Platten gebracht, so tritt Helligkeit auf, und nur 4mal, in bestimmten Stellungen, Dunkelheit. Bei einem einfach brechenden Mineral bleibt das Gesichtsfeld immer dunkel. Anstatt der Turmalinzange verwendet man zwei zugerichtete durchsichtige Kalkspate (sog. Nicols), die, in ein Mikroskop eingebaut, ein solches zum Polarisationsmikroskop machen. Dieses findet heute weitgehendste Verwendung, namentlich für Dünnschliffuntersuchungen, wobei mehrere durchsichtige Mineralien nebeneinander liegen können. Man kann auf jedes einzelne einstellen im Fadenkreuz. Die Untersuchungsmethoden finden sich in den Lehrbüchern der Mineralogie.

Die Untersuchung undurchsichtiger Mineralien erfolgt im hochglänzend polierten Anschliff und auffallenden Licht mit Hilfe eines über dem Objektiv in dem Tubus eingebauten Opakilluminators. Zur Gefügeermittlung wird der Anschliff oft geätzt

Pleochroismus ist die Eigenschaft gewisser Substanzen, nach verschiedenen Richtungen im durchfallenden Licht verschiedene Farben zu zeigen, da die Absorptionsfähigkeit ungleich ist. Die auftretende Mischfarbe kann mit dem Dichroskop zerlegt werden.

Körperfarbe. Manche Mineralien kommen stets mit derselben Farbe vor und sind nie farblos; man nennt sie eigenfarbige oder idiochromatische (Gold, Bleiglanz, Malachit). Ist die Farbe nicht mit der Substanz untrennbar verbunden, sondern rührt von einem beigemischten anderen Stoff und vielfach von einem Farbstoff (Pigment) her, so spricht man von dilutgefärbten oder allochromatischen Mineralien. (Flußspat, Amethyst, Saphir, Turmalin). Fremdbeimengungen finden wir z. B. in der an und für sich farblosen Zinkblende, die durch Gehalte an Fe, Cd, Mn braun, gelb, grünlich und braunschwarz wird. Auch dünnste Überzüge, sog. Anlauffarben, die durch Oxidation oder Zersetzung entstehen, und Lichteinwirkungen verändern sowohl die eigenfarbigen wie die gefärbten Mineralien. Auch isomorphe Beimischungen sind öfter die Ursache. So werden die Magnesiasilikate durch isomorphe Eisen-[III]-oxidsilikate grün oder braun gefärbt.

Über die Natur des sog. Pigments ist noch nichts Sicheres bekannt, wenigstens hat man ein färbendes Metalloxid oder Kohlenwasserstoffe, wie vielfach angenommen wurde, nur selten nachweisen können. Die Erscheinung der diluten allochromatischen Färbung der Mineralien ist noch recht problematisch und von einer allgemeinen Deutung noch weit entfernt. Änderungen im Kristallfeinbau, die oft auch schon durch Erhitzen entstehen, sind wohl Mitursache der verschiedenen Färbungen, welche auch durch Bestrahlung mit Radiumpräparaten oder

Röntgenlicht auftreten. Die Färbung an sich farbloser Verbindungen ist wohl immer an die Gegenwart fremder, analytisch kaum nachweisbarer Stoffe gebunden. Zur Bestimmung des Gehaltes gefärbter Substanzen aus der Stärke der Färbung wird das kolorimetrische Verfahren angewandt.

Strich. Streicht man ein eigenfarbiges Mineral auf einer Strichtafel (rauhflächige Tafel aus unglasiertem Porzellan), so erhält man ein Pulver, dessen Farbe als „Strich" bezeichnet wird. Da Mineralien oft Anlauffarben zeigen, so gibt erst der *Strich* die charakteristische Mineralfarbe.

Glanz. Er wird bedingt durch die Reflexion des Lichtes und hängt vor allem von der Oberflächenbeschaffenheit, der Brechung des Lichtes und der Absorption ab. Man unterscheidet metallischen und nichtmetallischen Glanz; von letzterem wieder Diamantglanz, Glasglanz, Fettglanz, Seidenglanz, Perlmutterglanz usw. Der Metallglanz ist mit Undurchsichtigkeit verbunden. Der Grad des Glanzes ist sehr verschieden.

Licht und *Farbenerscheinungen.* Phosphoreszenz kann bei manchen Substanzen durch Bestrahlung, Erwärmen oder durch mechanische Einwirkung hervorgebracht werden. In letzterem Falle spricht man von Triboluminneszenz. Im Dunkeln ist das Leuchten von phosphoreszierenden Substanzen am besten wahrzunehmen. Selbstleuchtend sind Diamant, gebrannter Baryt; Kalkspat und Kreide leuchten nach.

Fluoreszenz ist die Eigenschaft, im durchfallenden Licht andere Farben zu zeigen als im auffallenden. Grüner und blauer Flußspat fluoresziert violett schon im weißen Licht. Beim Erhitzen phosphoresziert er. Unter ultraviolettem Licht leuchten Kristalle oft, und zwar verschieden bei kurz - und langwelligem UV (Ultraviolett). Zur Erzeugung von UV-Strahlen gibt es verschiedene Typen von Quecksilberdampflampen, die ein intensives grelles Licht aussenden.

Irisieren ist das Schillern in Regenbogenfarben; eine Substanz opalisiert, wenn sie das Farbenspiel des Opals erkennen läßt.

Elektrisch werden einige Mineralien durch Reiben, Druck oder Erwärmen; magnetisch sind manche eisenhaltige Mineralien.

In thermischer Beziehung ist zu erwähnen, daß die meisten Mineralien, insbesondere die metallhaltigen, gute Wärmeleiter sind.

Alkalisalze und *Alaune* lassen sich durch den Geschmack wahrnehmen.

Beim *Anfühlen* (fettig, mager, rauh usw.) sind viele Substanzen zu erkennen.

Geruch zeigen manche Mineralien beim Erwärmen, Zerschlagen, Reiben (Arsen, Schwefel, Bernstein, Pyrit) und beim Anhauchen (Ton). Mehr oder weniger charakteristischer Geschmack ist von Salzen wahrzunehmen.

Kristallographisches:

Die Eigenschaften der Kristalle hängen gesetzmäßig von der Richtung ab und sind bedingt durch die Anordnung der kleinsten Bausteine (Leptonen) in Raumgittern (Atom- und Ionengittern), wobei es sich um Dimensionen von der Größenordnung 10^{-8} cm handelt. Form und relative sowie absolute Größe der Flächen sind ohne Einfluß. Die an Kristallen beobachteten Formen entsprechen allgemeinen Gesetzen. Die Gesetzmäßigkeiten sind:

1. Die Beständigkeit oder Konstanz der Flächenwinkel an Kristallen desselben Stoffes bei gleicher Temperatur und gleichem Druck.

2. Das Rationalitäts- oder Parametergesetz, welches besagt, daß die zahlreichen Flächen derselben Stoffart in einer durch rationale und einfache Zahlen ausdrückbaren geometrischen Abhängigkeit zueinander stehen.

3. Das Zonenverbandsgesetz.

Für die Symbolisierung einer Fläche ist das Rationalitätsgesetz und die Bezugnahme auf eine Einheitsfläche die Grundlage. Die Beziehung auf Achsen wurde von Weiß und Mohs eingeführt. Es sei über weitere kristallographische Mitteilungen auf das in unserem Verlage erschienene Werk „*Kristallographie*“ von W. Bruhns, neubearbeitet von P. Ramdohr, Sammlung Göschen, Band 210, hingewiesen. Dort sind vor allem die 6 Kristallsysteme mit ihren 32 Kristallklassen beschrieben und durch zahlreiche Abbildungen demonstriert.

Die Kristalle nehmen ihre gesetzmäßige Form beim Übergang des beweglichen in den starren Zustand an. Ihre äußere Form ist das unmittelbare Ergebnis des regelmäßigen Baues. Kristalle kommen nicht nur im Mineralreich, sondern auch in Laboratoriumsprodukten vor. Die Lehre von den Kristallen ist daher nicht bloß der Mineralogie eigen, sondern sie bezieht sich auf alle kristallisierten Naturkörper, mögen sie in der Erdrinde vorkommen oder als Produkte der Laboratorien, der Industrie oder zufällig im menschlichen Wirksamkeitsbereich entstanden sein.

Die Kristalle bilden sich entweder schwebend oder sitzend, je nachdem sie während der Entstehung von einem beweglichen Medium getragen werden oder mit der einen Seite auf einer Unterlage aufsitzen.

Oft bilden Mineralien Zusammenfügungen von Individuen derselben Art oder Aggregate, welche keine Gesetzmäßigkeit erkennen lassen, aber sowohl in ihrer Gesamtform als auch in ihrem Gefüge manches Bestimmte zur Erscheinung bringen, daher für die verschiedenen Arten der Aggregation seit langer Zeit eigene Bezeichnungen angewendet werden.

So liefern tafelige Kristalle bisweilen radförmige Gruppen, wie manche Glimmer (rosettenförmige), Eisenglanz, sogenannte Eisenrosen, büschelförmige bei Desmin,. kugelförmige oft bei Pyrit). Oft treten nierenförmige und traubige Vereinigungen auf (Chalcedon, roter, brauner, grüner und schwarzer Glaskopf) dendritische Bildungen (Manganoxide und gediegenes Kupfer), sowie tropfsteinartige Gebilde (Eisenblüte, eine Abart des Aragonit).

Wird das Wachstum gehemmt, so entstehen Kristallskelette. *Zwillinge* sind ein symmetrisches Kristallpaar. Zwei Kristallindividuen sind längs einer Spiegelungsebene, der Zwillingsebene, gesetzmäßig miteinander verwachsen. Diese Ebene ist stets eine einfache mögliche Kristallfläche, aber niemals eine Symmetrieebene. Die meisten Zwillinge sind erkennbar an den einspringenden Winkeln, gelegentlich auch an der sog. Zwillingsnaht und der Riefung. Man unterscheidet Berührungs- und Durchkreuzungszwillinge, je nachdem die Einzelkristalle sich in einer Ebene berühren oder sich durchkreuzen. Treten mehrere Individuen gesetzmäßig zusammen, so entstehen Drillinge, Vierlinge usw. und Viellinge. Letztere sind häufig erkennbar an der Streifung, die man als Viellingsriefung bezeichnet. Gerade bei mikrochemischen Untersuchungen beobachtet man oft Zwillinge (siehe Fig. 12, S. 84).

Die Erscheinungsform der Kristalle ist abhängig von der umgebenden Masse, der Bildungstemperatur und ganz besonders von der Substanz selbst. Wenn eine freie Formentwicklung nicht möglich ist, so entstehen die kristallinen Aggregate, deren *Struktur* bedingt ist durch Form, Größe und Verbindung der Einzelkörner. Als Textur bezeichnet man die Anordnung der Körner im Raum. Textur und Struktur gehen ineinander über und werden als Gefüge zusammengefaßt (Pyritknollen, Oolithe; traubig, nierig, glaskopfartig, faserig usw.). Im allgemeinen können die Aggregate gleicher Mineralien die mannigfaltigsten Gestalten und Strukturen annehmen. Für einzelne Mineralien kann das Gefüge jedoch zu einem bezeichnenden Merkmal werden (Fasergips, Malachit, Wavellit, Natrolith).

Es gibt nur wenige *gestaltlose* oder *amorphe* Mineralien, die eingetrocknete Mineralgele, d. h. festgewordene Kolloidstoffe sind und die teilweise ihren Wassergehalt verloren haben (Opal). Ihre Erkennung ist schwer, da wir mit dem Mikroskop Teilchen von $1-3\,\mu$ nicht mehr erkennen können. Aber auch die amorphen Substanzen bewahren ihre strukturlose, amorphe Beschaffenheit gewöhnlich nicht, sondern gehen in kristalline Aggregate über unter Beibehaltung ihrer äußeren Gestalt.

Manche Mineralien in Gestalt eines amorphen Pulvers oder toniger und gallertartiger Massen zeigen unter dem Mikroskop Flocken oder Körnchen, welche oft ineinander verfließen (Bergmilch, Kaolin, gallertartige Kieselsäure).

Viele Mineralien haben nur ein amorphes Aussehen. Sie sind aber nur *dicht*, wie man zu sagen pflegt. Sie bestehen aus kleinen, meist nur mit der Lupe und mit dem Mikroskop erkennbaren Körnchen. Dichter Kalkstein ist nicht amorph, sondern feinkörnig.

Im Mineralreich treten aber auch öfter Inhomogenitäten auf, und zwar sowohl mechanischer als auch chemischer Art. Die *mechanische* Inhomogenität umfaßt alle erkennbaren Beimengungen fremder Substanz und kommt meist dadurch zustande, daß zwei oder mehrere Mineralien gleichzeitig sehr schnell wachsen und das vorherrschende das spärlichere einschließt. *Chemische* Ungleichartigkeit kommt vor, wenn die Lösung ärmer wird und äußert sich besonders bei Mischkristallen in der Färbung (Turmalin).

IV. Anwendung des nassen Weges und der Tüpfelmethode

Oft ist der nasse Weg nicht zu umgehen. In reinem Wasser sind die Mineralien leicht, schwer oder so gut wie gar nicht löslich. Leicht löslich sind Steinsalz, Sylvin, Carnallit, Alaun, Vitriole u. a. Gips ist schwieriger, Baryt scheinbar nicht löslich, aber doch auch schwer löslich. Zeit und Temperatur sind maßgebende Faktoren. Schwefel, Diamant, Metalle, oxidische und sulfidische Erze, Quarz und Silikate sind kaum löslich und werden allgemein als unlöslich bezeichnet. Die Löslichkeit in Wasser kann man beschleunigen durch Pulverisierung des Minerals und durch Temperaturerhöhung. Kohlensäurehaltiges Wasser löst besser. Schwer- oder unlösliche Mineralien werden durch Säuren aufgeschlossen und in wasserlösliche Verbindungen überführt, wobei man meist auch noch die Temperatur erhöht. Man wendet zunächst *Salzsäure* an, die man, falls die Auflösung nicht bei gewöhnlicher Temperatur vor sich geht, über der Flamme in einem Gefäß (Becherglas oder Reagenzglas) erhitzt. Die salzsaure Lösung wird nun mit destilliertem Wasser verdünnt und weiter untersucht.

Besonders wichtig ist die Prüfung der Silikate mit Salzsäure. Viele Silikate lösen sich auf; die Kieselsäure bleibt in Pulverform oder als gelatinöse Masse zurück. Die Lösung wird filtriert und, nachdem sie verdünnt ist, auf ihre Bestandteile untersucht. Ist das Silikat durch Salzsäure nicht oder nur unvollkommen zersetzbar, so muß man mit Soda und Borax oder mit Flußsäure aufschließen.

Wenn Mineralien in Lösung gegangen sind und durch geringen Zusatz gewisser Reagenzien beim langsamen Eintrocknen auf einer Glasplatte (Objektträger) Kristalle oder Kristallgruppen sich ausscheiden, so können unter dem Mikroskop oft charakteristische Kristallbildungen und Formen beobachtet werden. Eine Art der Untersuchung, die man mit winzigen Bruchstücken anstellen kann, ist die Mikroanalyse, die zuerst durch Behrens zusammenfassend beschrieben wurde. Sie wurde im Laufe des letzten Halbjahrhunderts weiter ausgebaut und bildet, wie einleitend erwähnt wurde, einen Bestandteil der Lötrohrprobierkunde oder zum mindesten eine Ergänzung derselben. Feigl und Leitmeier verwandten noch besonders charakteristische Fällungsmittel und führten den Namen „*Tüpfelmethode*“ ein. Man erkennt darin die Methoden der analytischen Chemie. Doch handelt es sich nicht um die Eigenschaften der Niederschläge, sondern um die eigenartige Formbildung der entstandenen Kristalle und vielfach auch ihrer Gruppierung. Dabei können in der Tüpfelmethode nur solche Erscheinungen, die immer wiederkehren, aufgenommen werden, d. h. um ein bestimmtes Element zu erkennen, muß es immer ein und dieselbe charakteristische Kristallbildung mit einem Reagenzmittel erkennen lassen.

B. SPEZIELLER TEIL

Die im allgemeinen Teil beschriebenen Reaktionen charakterisieren die in einfach zusammengesetzten Substanzen vorkommenden Elemente. Haben wir nun eine Substanz, die aus verschiedenen Elementen zusammengesetzt ist, so ist durch den Gang der Analyse zu ermitteln, welche Elemente vertreten sind. Auf S. 86 sind einige Beispiele angegeben, in welcher Weise man zu verfahren hat.

Im folgenden werden die Reaktionen der Stoffe und der Gang angeführt, der bei einigen Verbindungen, die sich durch die die gewöhnlichen Lötrohrproben nicht auf ihre Bestandteile prüfen lassen, anzuwenden ist. In den meisten Fällen gelingt es jedoch durch aufmerksames Beobachten aller Erscheinungen und durch geschicktes Experimentieren die Hauptbestandteile der Substanz auf dem gewöhnlichen Wege ausfindig zu machen. Nachfolgende Angaben können benutzt werden, wenn es sich um einfach zusammengesetzte Mineralien handelt oder wenn in den komplizierter zusammengesetzten einzelne Stoffe leicht zu erkennen sind.

Nach Beschreibung der für das betreffende Element charakteristischen Reaktionen sind die in der Natur als Mineralien hauptsächlich vorkommenden Verbindungen angegeben.

1. Alkalien und Erdalkalien, meist flammenfärbend

Kalium. Die Flammenfärbung ist violett; durch das Indigoprisma oder Kobaltglas beobachtet man einen karminroten Streifen, auch wenn andere flammenfärbende Substanzen zugegen sind.

Ist bei Silikaten das Kalium nicht wahrzunehmen, so erhitzt man die Probe gemischt mit zwei Teilen Gips und einem Teil Flußspat. Bei Gegenwart von Lithium verfahre man nach S. 49. Mikrochemisch läßt sich Kalium immer nachweisen, indem man mit Soda und Borax aufschließt und einen Tropfen der schwach sauren oder neutralen Lösung mit Platinchloridlösung auf einen Objektträger zusammenbringt. Nach dem Verdunsten beobachtet man zitronengelbe Oktaeder, Würfel oder Rhombendodekaeder, die sich auch in Alkohol nicht lösen. Ammoniumverbindungen dürfen jedoch nicht zugegen sein, da Ammoniumplatinchlorid ebenfalls reguläre Kristalle bildet. Durch starkes Glühen treibt man vorher Ammoniak aus.

Eine andere Reaktion ist folgende: Mit Kieselflußsäure gibt die Lösung farblose Würfelchen von Siliciumkaliumfluorid und mit Pikrinsäure prismatische Kristalle von Kaliumpikrat.

Verbindungen: Sylvin KCl, Sylvinit KCl + NaCl, Carnallit $KCl \cdot MgCl_2 \cdot 6\,H_2O$, Rinneit $K_3Na[FeCl_6]$, Erythrosiderit $K_2[FeCl_5H_2O]$, Douglasit $K_2[FeCl_4] \cdot 2\,H_2O$, Langbeinit $K_2Mg_2[SO_4]_3$, Kainit $KMg[Cl|SO_4] \cdot 3\,HO$, Leonit (Kaliastrakonit) $K_2Mg[SO_4]_2 \cdot 4\,H_2O$, Mercallit $KH[SO_4]$, Polyhalit $K_2Ca_2Mg[SO_4]_4 \cdot 2H_2O$, Misenit $K_8H_6[SO_4]_7$, Glaserit $K_3Na[SO_4]_2$, Schönit (Pikromerit) $K_2Mg[SO_4]_2 \cdot 6H_2O$, Manganolangbeinit $K_2Mn_2[SO_4]_3$, Cyanochroit $K_2Cu[SO]_2 \cdot 6H_2O$, Syngenit $K_2Ca[SO_4]_2 \cdot H_2O$, α-Metavoltin $K_5Fe[OH|(SO_4)_3]_2 \cdot 8H_2O$, Palmierit $PbK_2[SO_4]_2$, Kalialaun $KAl[SO_4]_2 \cdot 12H_2O$, Kalisalpeter KNO_3. Alunit $KAl_3[(OH)_6|(SO_4)_2]$, Krugit $K_2Ca_4Mg[SO_4]_6 \cdot 2\,H_2O$, Tarapacit $K_2[CrO_4]$, Jarosit siehe Eisen, Avogadrit, Kaliborit siehe Bor, Ungemachit siehe Natrium, Leucit β-$K[AlSi_2O_6]$, Orthoklas (Kalifeldspat, Adular, Sanidin, Mikroklin, Ru-haltig) $K[AlSi_3O_8]$, Muskovit (Kaliglimmer) $KAl_2[(OHF)_2|AlSi_3O_{10}]$, Biotit $K(Mg, Fe, Mn)_3[(OH, F)_2$-$AlSi_3O_{10}]$, Apophyllit siehe Calcium, Hyalophan siehe Barium; Kaliophilit (Kalsilit) $K[AlSiO_4]$, Carobut KF, Taeniolith, Lepidolith siehe Lithium.

In Silikaten kann man den Kaliumgehalt nicht mit völliger Sicherheit auf trockenem Wege finden. Man versuche aber immer, kleine Splitter in der blauen Flamme mit dem Lötrohr zu erhitzen.

Natrium. Die Flammenfärbung ist andauernd rötlichgelb; in den meisten Fällen ist auf diese Weise das Natrium auch in kleinen Quantitäten nachzuweisen. Ein Tropfen einer Lösung mit Uranylacetat und Essigsäure erwärmt, läßt nach dem Verdunsten hellgelbe Tetraeder erkennen. Natriumplatinchlorid erscheint unter dem Mikroskop in langen prismatischen Nadeln, die sich im Gegensatz zu der entsprechenden Kaliumverbindung in Alkohol auflösen. — Natriumhaltige Silikate liefern nach der Zersetzung mittels Flußsäure nach dem Verdunsten ähnliche Nadeln. Nephelin schmilzt ziemlich leicht zu Glas. Von HCl unter Abscheidung von Kieselgallerte zersetzt.

Verbindungen: Steinsalz (Halit) (NaCl), Natronsalpeter (Nitronatrit, Chilesalpeter, roh Caliche) $NaNO_3$, Hydrohalit $NaCl \cdot 2\,H_2O$, Sulfohalit $Na_3[FCl](SO_4)_2$, Villiaumit $Na_3[AlF_6]$, Borax (Tinkal, Mohavit) Na_2B_4-$O_7 \cdot 10\,H_2O$, Ulexit $NaCaB_5O_9 \cdot 8H_2O$, Teepleit $Na_2[Cl|BO_2] \cdot 2H_2O$, Probertit (Kramerit) $NaCa$-$B_5O_9 \cdot 5\,H_2O$, Kryolith $Na_3[AlF_6]$, Kernit siehe Bor, Chiolith $3\,Na[AlF_4] \cdot 2NaF$, Ferrucit $Na[BF_4]$, Kryolithionit Na_3-$Al_2[LiF_4]_3$, Thomsenolith (Pachnolith) $NaCa[AlF_6] \cdot H_2O$, Thermonatrit $Na_2CO_3 \cdot H_2O$, Soda (Natrit) $Na_2CO_3 \cdot 10\,H_2O$, Nahcolith $NaHCO_3$, Dawsonit $NaAl[(OH)_2|CO_3]$, Trona Na_3H-$[CO_3]_2 \cdot 2\,H_2O$, Gaylussit $Na_2Ca[CO_3]_2 \cdot 5H_2O$, Pirssonit Na_2Ca-$[CO_3]_2 \cdot 2\,H_2O$, Eitelit $Na_2Mg[CO_3]_2$, Shortit $Na_2Ca[CO_3]_3$, Fremontit $NaAl[(OH, F)|PO_4]$, Northupit $Na_3Mg[Cl|(CO_3)_2]$, Natronalaun (Mendozit) $NaAl[SO_4]_2 \cdot 12H_2O$, Astrakanit (Blödit) $Na_2Mg[SO_4]_2 \cdot 4\,H_2O$, Ferrinatrit (Gordait) Na_3-$FeSO_3 \cdot 3H_2O$, Glaubersalz (Mirabellit) $Na_2[SO_4] \cdot 10H_2O$, Burkeit $Na_6[CO_3|(SO_4)_2$, β-Thenardit $Na_2[SO_4]$, Vanthoffit $Na_6Mg[SO_4]_4$, Glauberit $CaNa_2[SO_4]_2$, Loeweit $Na_2Mg(SO_4]$

$\cdot 2H_2O$, Glaserit siehe Kalium, Neptunit siehe Titan, Steenstrupin siehe Cer, Brasilianit $NaAl_3(OH)_2[PO_4]_2$, Lacroixit $Na_4Ca_2Al_3[(OH, F)_8(PO_4)_3]$, Schairerit $Na_3[(F, Cl)|SO_4]$, Hanksit $KNa_{22}[Cl|(CO_3)_2(SO_4)_9]$, Natrochalcit $Na_2[OH|AlSi_3O_8]$, Nephelin (Eläolith) $Na[AlSiO_4]$, Jadeit $NaAl[Si_2O_6]$, Aegirin $NaFe[SiO_6]$, Ramsayit (Lorenzit) $Na_2Ti_2[O(SO_4)_2]$, Joaquinit $NaBa(Ti, Fe)_3[Si_4O_{15}]$, Ussingit $Na_2[OH|Si_3O_8]$, Ungemachit $Na_4(K, Fe)_2[OH|SO_4)_3] \cdot 5H_2O$, Cancrinit (Leifit) $Na, Ca)_4[CO_3|(H_2O)_{0-3}(AlSiO_4)_6$, Thomsonit $NaCa_2[Al_2(Al,Si)Si_2O_{10}]_2 \cdot 5H_2O$, Sodalith $Na_8[Cl_2|(AlSiO_4)_6]$, Nosean, Hauyn und Lasurit (Lapis lazuli) sind entsprechende Sulfate, Natrolith $Na_2[Al_2Si_3O_{10}] \cdot 2H_2O$, Faujasit $(Na_2,Ca)[Al_2Si_5O_{14}] \cdot 10H_2O$, Analcim $Na[AlSi_2O_6] \cdot H_2O$, Marialith (Skapolith mit Mejonit) $Na_8(Cl_2,SO_4,CO_3(OH)_2|(AlSi_3O_8)_6$, Anorthoklas (Amazonenstein) $(K,Na)[AlSi_3O_8]$, Albit $Na[AlSi_3O_8]$, ferner in vielen andern Silikaten und in Zeolithen.

Lithium. Karminrote Flammenfärbung. Sind andere Flammenfärbende Substanzen darin, so verschwindet in einer bestimmten Dicke des Indigoprismas das Rot von Lithium, während das von Kalium durch alle Schichten bleibt.

Verbindungen: Lithiophosphat $Li_3[PO_4]$, Tavorit $LiFe[(PO_4)(OH)]$, Triphylin (Lithiophilit, Sicklerit) $Li(Fe, Mn)[PO_4]$. Amblygonit $LiAl[F|PO_4]$, Montebrasit $LiAl[OH|PO_4]$ Spodumen (rosarot Kunzit, Cr-haltig Hiddenit) $LiAl[Si_2O_6]$, Taeniolith $KLiMg_2[F_2|Si_4O_{16}]$, Eukrytit $Li[AlSi_4O_{12}]$, Petalit (Kastor) $(Li,Na)[AlSi_4O_{10}]$, Cookeit $LiAl_4[(OH)_3AlSiO_{10}]$, Bityit $CaLiAl_2[(OH)_2|AlBeSi_2O_{10}]$ Bithitalit $LiAlSi_2O_6 \cdot 2H_2O$, Lithiophorit $(Al'Li)(OH)_2 \cdot MnO_2$, Kryolithionit $Na_3Al_2[LiF_4]_3$, Rhodizit $KNaLi_4Al_4[Be_3B_{10}O_{27}]$, Holmquistit $Li_3Mg_5FeAl_2[(OH)_4|Si_{16}O_{44}]$, Lepidolith (Polylithionit) $KLi_2Al[(F, OH, {}^1/_2O)_2|AlSi_3O_{10}]$, Zinnwaldit (Lithionglimmer) $KLiFeAl[(F, OH)_2|AlSi_3O_{10}]$.

Ferner in manchem Turmalin (Rubellit).

Caesium findet sich in einigen Mineralien in geringen Mengen. So ist ein Caesiumbiotit bekannt mit 3,1% Cs_2O, im Pollucit (Polux) $(Cs, Na)[AlSi_2O_6] \cdot H_2O$, synthetisch $Cs[BF_4]$.

Calcium. Die Calcium enthaltenden Substanzen zeigen nach kurzem Blasen starkes Glühen, dann die gelbrote Flammenfärbung. Auf Kohle mit Soda geschmolzen, bleibt weiße CaO (gebrannter Kalk) zurück, das mit Kobaltsolution durchglüht, graue Farbe annimmt. Mit Schwefelsäure gibt die Calciumlösung nach dem Verdunsten unter dem Mikroskop monokline Kristalle; oft sind die charakteristischen Schwalbenschwanzzwillinge, wie sie beim Gips auftreten, wahrzunehmen.

Verbindungen: Flußspat (Fluorit) CaF_2, Yttrofluorit (Ca, Y). F_2, Kalkspat (Doppelspat, Calcit) $CaCO_3$, Aragonit (Eisenblüte, Erbsenstein) $CaCO_3$, Dolomit Ca $Mg[CO_3]_2$, Ankerit $Ca(Mg,Fe)[CO_3]_2$, Alumohydrocalcit $CaAl_2[(OH)_4(CO_3)_2] \cdot 3\,H_2$, Synchisit Ca(Ce, La, Nd) $[F|(CO_3)_2$, Bütschliit $K_6Ca_2[CO_3]_5 \cdot 6H_2O$, Anhydrit $Ca[SO_4]$, Gips (Alabaster, Marienglas) $Ca[SO_4] \cdot 2H_2O$, Prosopit $Ca[Al(F,OH)_4]_2$, Gearksutit $Ca[Al(F, OH)_5]H_2O$, Mauzeliit $Ca_2Sb_2O_6O$, Schneebergit, Hydroromeit siehe Antimon, Koppit $CaNaNb_2O_6$(F, OH, O), Hydrocalumit $2Ca(OH)_2 \cdot Al(OH)_3 \cdot 3\,H_2O$, Shortit $Na_2Ca_2[CO_3]_3$, Fairchildit $K_2Ca[CO_3]_2$, Oldhamit CaS, Krugit $K_2Ca_4Mg[SO_4]_6 \cdot 2\,H_2O$, Beyerit siehe Wismut, Gaylussit siehe Natrium, Polyhalit siehe Kalium, Randit, Schröckingerit, Uranospirit siehe Uran, Pintadoit siehe Vanadin, Powellit $Ca[MoO_4]$, Scheelit $Ca[WO_4]$, Monetit $CaH[PO_4]$, Meutinit $Ca_3[PO_4, CO_3]_2$, Whitlockit $Ca_3[PO_4]_2$, Scholzit $CaZn_2[PO_4]_2 \cdot 2\,H_2O$, Anapait $Ca_2Fe[PO_4]_2, \cdot 4\,H_2O$, Apatit Ca_5 $[(F, OH, Cl)|(PO_4)_3]$, Wilkeit $Ca_5[(F, O)|(PO_4, Si\,O_4, SO_4)_3]$, Kirrolith $Ca_3Al_2[OH|PO_4]_3$, Tavistockit Ca_3Al_2 $[(OH|_3|PO_4]_2$, Svabit $Ca_5[F|(AsO_4)_3]$. Roselith s. Kobalt

Haidingerit (Brushit) $CaH[PO_4] \cdot H_2O$, Monticellit CaMg $[SiO_4]$, Scholzit $Ca_3Zn[OH|PO_4]_2 \cdot H_2O$, Austinit (Barthit) $CaZn[OH|AsO_4]$, Glaukonit $CaMn[SiO_4]$, Hillebrandit Ca_2 $[SiO_4] \cdot H_2O$, Spurrit $Ca_3[CO_3|(SiO_4)_2]$, Tilleysit $Ca_3[CO_3|SiO_4]$

Wollastonit, $Ca_3[Si_3O_9]$, Larnit $Ca_2[SiO_4]$, Bustamit Ca_3Mn_3 $[Si_3O_9]_2$, Pektolith $Ca_2NaH[SiO_9$, Xonotlit $Ca_3[Si_3O_9] \cdot H_2O$, Porowskit $CaTiO_3$, Andradit (Melanit, Hessonit) $Ca_3Fe_2[SiO_4]_3$, Melarit, nur ein Teil von Si durch Ti ersetzt ist. Uwarowit siehe Chrom. Afwillit $Ca_3[SiO_3OH]_2 \cdot 2H_2O$, Rankinit Ca_3-$[Si_2O_7]$, Axinit $Ca_2(MnFe)Al_2BH[SiO_4]_4$, Herderit siehe Beryllium, Riekit siehe Cer, Titanit siehe Titan, Lavinit, Guarinit, Rosenbuschit, Eudialyt, Wadeit siehe Zirkon. Stokesit siehe Zinn, Diopsid Ca, $Mg[Si_2O_6]$, Hedenbergit Ca, $Fe[Si_2O_6]$,

Fassait $Ca_8Mg_{6,5}$ $[(Fe. Ti)_{0,5}$ $Al[Al\ Si_{14}O_{48}]$, ähnliche Zus. Diallag, Augit. Grammatit (Strahlstein, Tremolit) $Ca_2(Mg,Fe)_5$ $[OH|Si_4O_{11}]$, Danburit siehe Bor, Vesuvian $Ca_{10}(Mg, Fe)_2Al_4 \cdot$ $[(OH)_4|SiO_4)_5|(Si_2O_7)_2]$, Whewellit $Ca[C_2O_4] \cdot H_2O$, Bavenit, Trimerit siehe Beryll, Laumontit $Ca[AlSi_2O_6]_2 \cdot 4H_2O$. Skolezit $Ca[Al_2Si_3O_{10}] \cdot 3H_2O$, Anorthit Ca $[Al_2Si_2O_8]$ mit Albit in Plagiotklasen, Okenit $Ca_3[Si_6O_{15}] \cdot 6H_2O$, Zeophyllit $Ca_8[(OH, F)_{10}|Si_6O_{15}]$, Milarit $Ca_2K[(Be, Al)Si_4O_{10}]_3$.

Magnesium. Magnesia leuchtet stark und gibt keine Flammenfärbung; mit Soda zieht sie sich nicht in die Kohle. Mit Kobaltsolution auf Kohle durchglüht, nimmt sie eine Fleisch- bis Rosafärbung an. Manche Magnesiumverbindungen (bor-, phosphor- und arsensaures Magnesium) werden durch Kobaltsolution violett gefärbt. Die Fleisch- bis Rosafärbung ist mit der Lupe zu beobachten. Mit Natriumphosphat und Salmiak schneesternartige Nadeln in der Kälte, in der Wärme briefumschlagähnliche Skelette, sargähnliche Struvitkristalle.

Verbindungen: Periklas MgO, Brucit $Mg(OH)_2$, Saponit (Seifenstein) $Mg_3[(OH)_2|AlSi_3O_9OH] \cdot nH_2O$, Sellait MgF_2, Chlormagnesit $MgCl_2$, Bischofit $MgCl_2 \cdot 6H_2O$, Spinell $MgAl_2O_4$, Artinit $Mg_2[(OH)_2|CO_3] \cdot 3H_2O$, Magnoferrit $MgFe_2O_4$, Magnochromit, Stichit siehe Chrom, Weberit siehe Fluor, Magnesit (Bitterspat) $MgCO_3$, Hydromagnesit $Mg_5[OH|(CO_3)_2]_2 \cdot 4^1/_2$ H_2O, Mesitinspat (Breunnerit) $(Mg, Fe)CO_3$, Carnallit, Leonit, Kainit, Schönit, Polyhalit siehe Kalium, Dolomit CaMg $[CO_3]_2$, Eitelit siehe Natrium, Geikilith siehe Titan, α-Boracit (Stassfurtit) $Mg_6[Cl_2|B_{14}O_{26}]$, Fluoborit, Kotoit, Ascharit, Warwickit, Inderiborit, Sulfoborit, Lüneburgit, Hydroboracit siehe Bor. Kieserit $Mg[SO_4] \cdot H_2O$, Epsomit $Mg[SO_4] \cdot 7H_2O$ Langbeinit $K_2Mg_2[SO_4O]_3$, Adelit $CaMg[OH|AsO_4]$, Hörnesit $Mg_3[AsO_4]_2 \cdot 8H_2O$, Arsen-Rösslerit $MgH[AsO_4] \cdot 7H_2O$, Vanthoffit siehe Natrium, Phosphor-Rösslerit $MgH[PO_4] \cdot 7H_2O$, Bobierrit $Mg_3[PO_4] \cdot 8H_2O$, Wagnerit $Mg_2[F|PO_4]$. Struvit $NH_4Mg[PO_4] \cdot 6H_2O$, Arsenstruvit $NH_4Mg[AsO_4] \cdot 6H_2O$, Hannayit $(NH_4)_2Mg_3H_4[PO_4]_4 \cdot 8H_2O$, Olivin (Peridot) $(Mg,Fe)_2$ $[SiO_4]$, Monticellit $CaMg[SiO_4]$, Serpentin (Nephrit) $H_4Mg_3Si_2$-O_9, Pyrop (Granat) $Mg_3Al_2[SiO_4]_3$, Saphirin $Mg_2Al_4[O_6|SiO_4$ Norbergit $Mg_3[(OH,F)_2(SiO)_2]$, Chondrodit $Mg_5[(OH, F)_2|$

$(SiO_4)_2]$, Humit $Mg_7[OH, F)_2|(SiO_2)_2]$, Hodgkinsonit siehe Zink, Sklodowskit siehe Uran, Cordierit (Dichroit) Mg_2Al_3-$[AlSi_5O_{48}]$, Enstatit (Klinoenstatit) $Mg_2[Si_2O_6]$, Akermanit $Ca_2[MgSi_2O_7]$, Chrysotil $Mg_6[(OH)_6|Si_4O_{11}] \cdot H_2O$, Meerschaum (Sepiolith) $Mg_3[(H_2O)_3|Si_4O_{11}] \cdot H_2O$, Talk (Steatit) $Mg_3[(OH)_2|Si_4O_{10}]$, Diopsid (Mayait) $CaMg[Si_2],O_6$ Bronzit (Mg, Fe)$_2$-$[Si_2O_6]$, Kupfferit $Mg_7[OH|Si_4O_{12}]_2$; ferner im Phlogopit, Biotit, Amesit, Glaukophan, Aktinolith, Tremolit, Augit, Pyroxen, Meroxen, Grammatit, Strahlstein, Hornblenden, Grunerit, Cummingtonit, Attapulgit, Palygorskit, Krokydolith (Asbest).

Barium. Erteilt der Flamme eine gelblich-grüne Färbung, BaO leuchtet stark und zieht sich, wenn mit Soda geschmolzen, in die Kohle hinein im Gegensatz zu Calcium und Aluminium.

Verbindungen: Witherit $BaCO_3$, Baryt (Schwerspat) $BaSO_4$, Barytocalcit $BaCa[CO_3]_2$, Kordylit $Ba(Ce, La, Na)_2[F_2|(CO_3)_3]$, Barytsalpeter (Nitrobaryt) $Ba[NO_3]_2$, Anglesobaryt (Weisbachit) $(Ba, Pb)[SO_4]$, Bariumaragonit (Alstonit) (Ba, Ca). CO_3. Barylith $BaBe_2[Si_2O_7]$, Gorceixit $BaAl_3H[(OH)_6|(PO_4)_2]$ Dussertit ist Arseniat, Benitoit $BaTi[Si_3O_9]$, Sanbornit Ba_2-$[Si_4O_{10}]$, Gillespit $BaFe[Si_4O_{10}]$, Taramellit $BaFe[OH|Si_2O_6]$, Hyalophan $(K_2, Ba)[Al(Al, Si)Si_2O_8]$, Celsian (Bariumfeldspat) $Ba[Al_2Si_2O_8]$, Banalsit $BaNa_2[Al_2Si_2O_8]_2$, Brewsterit (Sr, Ba, Ca)$[Al_2Si_6O_{16}] \cdot 5H_2O$, Taramellit $Ba_2Fe_2[Si_5O_{15}]$, Edingtonit $Ba[Al_2Si_3O_{10}] \cdot 3H_2O$, Harmotom $(Ba,K_2)_2$ $[Al_4Si_{11}O_{30}] \cdot 10H_2O$, Leukosphenit siehe Titan.

Barytocalcit zeigt nur die gelblichgrüne Flammenfärbung: erst nach Eintauchen des Pulvers am Platindraht in Salzsäure verflüchtigt sich das Calciumchlorid und erteilt der Flamme die charakteristische Calciumfärbung. Spuren von Barium und Calcium kann man mittels des Spektralapparates im Brewsterit finden.

Strontium. färbt die Flamme purpurrot. Auf Kohle mit Soda geschmolzen zieht sich SrO in die Kohle.

Verbindungen: Strontianit $SrCO_3$, Emmonsit (Ca-Strontianit) $(Ca, Sr)CO_3$, Cölestin $Sr[SO_4]$, Barytocölestin (Sr. Ba) $[SO_4]$, Fermorit (Strontiumarsen-Apatit), Ankylit $Sr_3(Ce, La, Dy)_4[(OH)_4(CO_3)_7] \cdot 3H_2O$, Brewsterit siehe Barium, Svanbergit $SrAl_3[(OH)_6|SO_4PO_4]$, Hamlinit (Goyazit) $SrAl_3H[(OH)_6|(PO_4)_2]$, Lamprophyllit $Na_3Sr_2Ti_3[(O,OH,F)|(SiO_4)_2]_2$, Jarlit $3AlF_3 \cdot 3SrF_2$. NaF, Strontioginorit (Kurgantait) $(Sr,Ca)_2[B_4O_8] \cdot H_2O$, Strontiohilgardit $(Ca,Sr)_2B_5O_8(OH)_2Cl$, Veatchit $SrHB_5O_9 \cdot H_2O$.

Aluminium. Al_2O_3 ist auf Kohle unveränderlich; mit Soda geschmolzen zieht es nicht in die Kohle hinein. Nach längerem Blasen nimmt es mit Kobaltsolution in der Kälte eine blaue Farbe an (Thénards Blau). Bringt man die schwefelsaure Lösung mit einem Körnchen Caesiumchlorid in Berührung, so entstehen schöne oktaedrische Kriställchen von Caesiumalaun, mit Ammoniumparamolybdat pseudoquadratische Täfelchen.

Verbindungen: Korund (Rubin, Saphir, Schmirgel), α-Al_2O_3, Fluellit $AlF_3 \cdot H_2O$, Chloroalumenit $AlCl_3 \cdot 6H_2O$, Böhmit γ-AlOOH, Alumogel AlOOH + aq. Bauxit und Laterit sind Gemenge von Böhmit, Diaspor, Hydrargillit, Alumogel, Eisenhydroxyd. Hydrargillit γ-$Al(OH)_3$, Diaspor α-AlOOH, Spinell $MgAl_2O_4$, Galaxit $MnAl_2O_4$, Gahnit (Zinkspat) $ZnAl_2O_4$, Hercyuit $FeAl_2O_4$, Alumohydrocalcit $CaAl_2[(CO_3)_2] \cdot 3H_2O$, Natroalunit $NaAl_3[(OH)_6|SO_4)_2]$, Svanbergit siehe Strontium, Alumogen (Keramohalit) $Al_2[SO_4]_3 \cdot 16H_2O$, Jeremejewit $AlBO_2$, Rhodizit siehe Lithium, Natroalunit $NaAl_3[(OH)_6|SO_4)_2$, Pickeringit $MgAl_2(SO_4)_4 \cdot 22H_2O$ Halotrichit $FeAl_2[SO_4]_4$ $22H_2O$, Dietrichit $ZnAl_2[SO_4]_4 \cdot 22H_2O$, Apjohnit $MnAl_2[SO_4]_4 \cdot 22H_2O$, Natronalaun (Mendozit) $NaAl[SO_4]_2 \cdot 12H_2O$, Kalialaun (Kalinit) $KAl[SO_4]_2 \cdot 12H_2O$, Zunyit $Al_{12}[AO_4|(OH,F)_{18}Cl|Si_5O_{16}]$.

Ammonalaun (Tschermigit) $NH_4Al[SO_4]_2 \cdot 12H_2O$, Lazulith (Mollit) $(Fe,Mg)Al_2[OH|PO_4]_2$, Crandallit $CaAl_4[(OH)_4|PO_4]_2 \cdot H_2O$, Wardit $CaNa_4Al_{12}[(OH)_{18}|(PO_4)_8] \cdot 6H_2O$, Trolleit $Al_2[OH|PO_4]_3$, Augelith $Al_2[(OH)_3|PO_4]$, Fremontit $NaAl[(OH),F|PO_4]$, Kirrolith $Ca_3Al_2[OH|PO_4]_3$, Brasilianit $NaAl_3[(OH)_2|PO_4]_2$, Lacroixit, Jezekit siehe Natrium, Florencit siehe Cer, Gorceixit siehe Barium, Steigerit siehe Vanadin, Berlinit $Al[PO_4]$ Variscit (Metavariscit) $Al[PO_4] \cdot 2H_2O$, Harbortit $Al_3[(OH)_3|(PO_4)_2] \cdot 5H_2O$, Wavellit $Al_3[(OH)_3(PO_4)_2]5H_2O$, Sterrettit mit $1^1/_2H_2O$, Andalusit $Al_2[O|SiO_4]$,

Disthen (Cyanit) $Al_2[O|SiO_4]$, Halloysit $Al_4[(OH)_8|Si_4O_{10}]$, Kryolith siehe Fluor, Topas $Al_2[F_2|SiO_4]$, Staurolith $Al_4Fe[O|OH|SiO_4]$, β-Leucit siehe Kalium, Kaolinit $Al_4[(OH)_8|Si_4O_{10}]$, neben Kaolinit bilden Dickit und Nakrit (Steinmark, Myelin) $Al_4[(OH)_8|Si_4O_{10}]$ das Kaolin (Porzellanerde), Sillimanit (Andalusit) Al_2SiO_5 Türkis $CuAl_6[(OH)_2|PO_4]_4 \cdot 4H_2O$, Amblygonit siehe Lithium, Allophane sind Gemenge von Halloysit, Kaolinit und ähnlichen Mineralien; Chrysoberyll siehe Beryllium, Mellit (Honigstein) $Al_2[C_{12}O_{12}] \cdot 18H_2O$, Pigotit $Al_4\,[O_6|C_6H_5O_4] \cdot 13^1/_2H_2O$, Gismondin $Ca[A_2Si_2O_8] \cdot 4H_2O$.

Aluminium findet sich in vielen Silikaten, besonders in den Feldspaten. Durch Zersetzung entsteht der Ton. Bleicherde (Walkerde, Bentonite). Illite sind Tone aus Hydromuskowit und Montmorillonit $MgAl_2[(OH)_2|Si_4O_{10}] \cdot nH_2O$. Bol (Bolus) ist ein erdiges Gemenge von Halloysit und Fe_2O_3-Hydrat.

2. Weitere die Flamme färbende Mineralien

Phosphor. Phosphorsäure enthaltende Substanzen färben die Flamme fahlbläulichgrün; wird die Färbung verdeckt, so tupfe man die Substanz in konzentrierte Schwefelsäure und bringe sie in den Saum der Flamme. Auf einen kurzen Augenblick kann man die Phosphorsäurefärbung wahrnehmen. Einen sicheren Nachweis gibt das Bunsensche Verfahren: Man bringt die Probe frei von H_2O, mit etwas Soda gemengt, in den ausgezogenen Teil einer dünnen Glasröhre (Fig. 10) und legt ein Stück Magnesiumdraht (ca. 1 mm dick, 2–3 mm lang) darauf. Alsdann gibt man wieder Substanz darüber. Nun erhitzt man die Stelle, an der sich der Magnesiumdraht befindet, so daß die ausgezogene Glasröhre andauernd von der Flamme eingehüllt wird und endlich schmilzt. Dabei krümmt sie sich; auch ist oft eine Feuererscheinung wahrzunehmen, herrührend von der Bildung des Phosphormagnesiums. Nach dem Erkalten zertrümmert man das Röhrchen zwischen Papier an der Stelle, an der es angeblasen wurde, und gibt Wasser zu. Der Geruch nach Phosphorwasserstoff ist wahrzunehmen, auch wenn nur Spuren von Phosphor in der Substanz vorhanden waren.

Abb. 10

Auf nassem Wege kann man Phosphorsäure in salpetersaurre Lösung mit Ammoniummolybdat nachweisen; es bildet sich bei gelindem Erwärmen ein gelber kristalliner Niederschlag von phosphormolybdänsaurem Ammoniak, der in Wasser und starken Säuren vollkommen unlöslich ist, dagegen farblos löslich in überschüssigen phosphorsauren Salzen. Man muß daher zur Fällung verhältnismäßig wenig phosphorsaures Salz nehmen.

Verbindungen: Berlinit $Al[PO_4]$, Beryllonit $NaBe[PO_4]$, Triphylin $Li(Fe, Mn)[PO_4]$, Natrophyllit $Na(Mn, Fe)[PO_4]$, Heterosit (Purpurit) $(Fe, Mn)PO_4$, Dickinsonit $Na_3Mn_4H[PO_4]_6$, Monetit $CaH[PO_4]$, Whitlockit $Ca_3[PO_4]_2$, Martinit siehe Calcium, Xenotim $Y[PO_4]$, Monazit $Ce[PO_4]$, Wagnerit $Mg_2[F|PO_4]$, Triplit $(Fe, Mn)_2[F, PO_4]$, Libethenit $Cu_2[OH|PO_4]$, Trolleit $Al_4[OH|PO_4]_3$, Lazulith (Blauspat, Mollit) Fe, Mg)$(Al_2[OH|PO_4]_2$, Kraurit, Kakoxen, Vivianit siehe Eisen, Herderit $CaBe[(OH, F)|PO_4]$, Amblygonit $LiAl[(F, OH)|PO_4]$, Scholzit $Ca_3 Zn [OH|PO_4]_2 \cdot H_2O$, Jezekit, Lacroixit siehe Natrium, Gorceixit siehe Barium, Plumbogummit $PbAl_3H[(OH)_6|PO_4)_2]$, Apatit $Ca_5[(F, OH, Cl)|(PO_4)_3]$, Francolith, Bobierrit siehe Magnesium, Pyromorphit siehe Blei, Palait $Mn_5H_2[PO_4]_4 \cdot 3H_2O$, Phosphoferrit, Phosphosiderit, Strengit siehe Eisen, Variscit $Al[PO_4] \cdot 2H_2O$, Hopeit $Zn_3[PO_4]_2 \cdot 4H_2O$, Phosphophyllit $(Mn, Fe, Zn)_3[PO_4]_2 \cdot 4H_2O$, Wavellit $Al_3[(OH)_3|(PO_4)_2 \cdot 5H_2O$, Vauxit $FeAl_2[OH|PO_4]_2 \cdot 7H_2O$, Childrenit $(Fe, Mn)Al[(OH)_2|PO_4] \cdot H_2O$, Delvauxit $Fe_2[(OH)_3|PO_4] \cdot 3^1/_2H_2O$, Veszelyit $(Cu, Zn)_3[(OH)_3|PO_4] \cdot 2H_2O$, Wardit, Millisit, Montgomeryit siehe Calcium, Salfeit, Torbernit, Autunit, Bassetit, Uranocircit siehe Uran, Tsumebit siehe Blei, Dewindtit, Dumontit $Pb_3[(OH)_2|UO_2|PO_4]_2 \cdot 3H_2O$, Phosphorit $Ca_3[PO_4]_2$. Struvit $NH_4 \cdot Mg \cdot [PO_4] \cdot 6H_2O$, Brushit $CaH[PO_4] \cdot 2H_2O$, Weinschenkit $(Y, Er)[PO_4] \cdot 2H_2O$, Stercorit $(NH_4)NaH[PO_4] \cdot 8H_2O$, Hibbenit, Scholzit, Hopeit, Spencerit, Tarbuttit siehe Zink, Reddingit $Mn_3[PO_4]_2 \cdot 3H_2O)$ Strunzit $Mn^{\cdot\cdot}, Fe_2^{\cdot\cdot\cdot}(PO_4)_2(OH)_2 \cdot 6\text{-}8H_2O$, Türkis (Kallait. $CuAl_6[(OH)_2|PO_4]_4 \cdot 4H_2O$, Chalkosiderit $CuFe_6[(OH)_2|PO_4]_4 \cdot 4H_2O$, Fischerit $Al_2[(OH)_3|PO_4]_4 \cdot 2^1/_2H_2O$, Harbortit $Al_3[(OH)_3|(PO_4)_2] \cdot 3H_2O$, Xenotim $Y[PO_4]$, Monazit $Ce[PO_4]$,

Zwieselit, $(Fe, Mn)_2[(OH|PO_4]$, Baldaufit (Huréaulith) $(MnFe)_3[PO_4]_4 \cdot 4H_2O$.

Thallium. Färbt die Flamme grasgrün, ist dem Blei ähnlich seicht schmelzbar. Seine Verbindungen sind giftig. Es findet lich vielfach in Pyriten und Zinkblenden.

Verbindungen: Lorandit $Tl_2S \cdot As_2S_3$, Vrbait $Tl_2S \cdot 2A_2sS_3 \cdot Sb_2S_3$, Crookesit $Cu_{15}Tl_2AgSe_2$. Thalliumalaun $TlAl[SO_4]_2 \cdot 12H_2O$. Hutchinsonit $(Pb, Tl) S \cdot Ag_2S \cdot 5Ag_2S_3$

Bor. Borate schmelzen am Draht und auf Kohle zu Perlen; beim Erhitzen im Kölbchen blähen sie sich auf. Die Flammenfärbung der Borsäure ist apfelgrün; bei Gegenwart von anderen die Flamme färbenden Stoffen befeuchtet man die Probe mit konzentrierter Schwefelsäure und bringt sie am Öhr eines Platindrahtes an den Saum der blauen Flamme. Zur Unterscheidung der Borsäure und Phosphorsäure (wegen den leicht zu verwechselnden Flammenfärbung) mache man eine Stichprobe auf Phosphor nach der Bunsenschen Methode (S. 54).

Einfach ist die Probe in einer Porzellan- oder Platinschale. Man löst das Mineral in Säure auf gibt einige Tropfen Alkohol dazu und entzündet diesen. Er verbrennt mit apfelgrüner Färbung.

Verbindungen: Sassolin $B(OH)_3$, Pinnoit $MgB_2O_4 \cdot 3H_2O$, Fluoborit $Mg_3[(F, OH)_3|BO_3]$, Warwickit $(Mg, Fe)_4Ti[O_3|(BO)_2]$, Ludwigit $(Mg, Fe^{\cdot\cdot})_2Fe^{\cdot\cdot\cdot}[O_2|BO_3]$, α-Boracit $Mg_6[Cl_2|B_{14}O_{26}]$, β-Boracit (Stassfurtit), Kaliborit $KMg_2B_{11}O_{19} \cdot 9H_2O$, Paternoit $MgB_8O_{13} \cdot 4H_2O$, Lesserit $Mg_2B_6O_{11} \cdot 15H_2O$.

Kernit $Na_2B_4O_7 \cdot 4H_2O$, Borax (Tinkal) $Na_2B_4O_7 \cdot 10H_2O$, Probertit (Kramerit) $NaCaB_5O_9 \cdot 5\,H_2O$, Ulexit $NaCaB_5O_9 \cdot 8H_2O$, Inderit (Kurnakovit) $Mg_2B_6O_{11} \cdot 13\text{-}15H_2O$, Hydroboracit $CaMgB_6O_{11}$, Strontiohilgardit $(Ca, Sr)_2B_5O_8(OH)_2Cl$, Strontioginorit $4[(Ca, Sr)_2B_{14}O_{23} \cdot 8H_2O \cdot 7H_2O$, Colemanit Veatchit $Ca[B_2BO_4(OH)_3] \cdot H_2O$, Pandermit $Ca_4B_{10}O_{19} \cdot 7^1/_2H_2O$, Ginorit $CaB_{14}O_{23} \cdot 8H_2O$, Bandylith $Cu[Cl|BO_2] \cdot 2H_2O$, Hilgardit $Ca_8[Cl_4|(B_6O_{11}] \cdot 4H_2O$, Sulfoborit $Mg_3[SO_4|B_2O_5] \cdot 4^1/_2$, Suanit $Mg_2[B_2O_8]$, H_2O, Cahnit $Ca_2[AsO_4|BO(OH)_4SrHB_5O_9 \cdot H_2O$, Lüneburgit $Mg_3[(PO_4)_2|B_2O_3] \cdot 8H_2O$, Seamanit $Mn_3[PO_4|BO_3] \cdot 3H_2O$, Ascharit (Boromagnesit, Camsellit, Szaibelyit) $MgHBO_2$, Roweit Ca $Mn[HBO_3]_2$, Sussexit $MnHBO_3$, Jeremejewit (Eichwaldit) $Al(B, H_3)O_3$, Kotoit$Mg_3[BO_3]_2$, Nordenskiöldin Ca $Sn[BO_3]_2$, Hambergit siehe Beryllium, Rhodizit siehe Lithium, Axinit $Ca_2(Mn, Fe)Al_2BH[SiO_4]_4$, Bakerit$Ca_8B_{10}[O_{11}|(SiO_4)_6] \cdot 6H_2O$, Howlith $Ca_2B_5[(OOH)_5|SiO_4]$, Datolith (Botryolith) $Ca[OH|BSiO_4]$, Homilit $Ca_2Fe[O|BSiO_4]_2$, Turmalin $NaMg_3Al_6[(OH)_{1-3}|(BO_3)_3|Si_6O_{18}]$, Varietäten: Achroit, Elbait, farblos, Schörl schwarz, Rubellit rot, rosa, Dravit braun, Indigolith blau, Verdelith grün, Uvit dunkelbraun.

3. Nichtflüchtige, die Perle färbende Substanzen

Mangan. In der Borax- und Phosphorsalzoxidationsperle läßt sich Mangan leicht nachweisen nach S. 31 und 32. Ist viel Mangan in der Substanz vorhanden, so wird die Perle schwarz gefärbt; man drückt dieselbe alsdann mit der Pinzette breit oder stößt ab und löst nur wenig Pulver auf. Andere perlfärbende Metalloxide bringen eine Mischfarbe hervor. Da die Reduktionsperle von Mangan-(II)-Oxid farblos ist, so läßt sich das andere Metalloxid (gewöhnlich Eisen), falls solches vorhanden ist, in der Reduktionsperle erkennen. Sind nur Spuren von Mangan vorhanden, so taucht man die glühendheiße Boraxperle in Salpeter; sie wird rosa gefärbt. Ferner läßt sich Mangan auf dem Platinblech nach S. 15 durch die blaugrüne Schmelze von mangansaurem Natron nachweisen. Mit Ammoniummolybdat orange Leisten von Ammoniummanganmolybdat. Manganosalze in alkalischer Lösung mit Ammoniak und Cyanürsäure gelinde aufgekocht, entstehen farblose Nädelchen in Bündeln, stark doppelbrechend. Fügt man anfangs Ammoniumchlorid im Überschuß hinzu, so entstehen stark doppelbrechende parallelogrammähnliche Kristalle. Die Reaktion gelingt auch bei Anwesenheit von Zn, Co, Ni, Al, Cr.

Substanzen, die Mangan in oxidiertem Zustand enthalten (Braunstein), entwickeln mit Salzsäure Chlorgas.

Verbindungen: Manganosit MnO, Manganspat (Rhodochrosit) ($MnCO_3$), Rhodonit ($MnSiO_3$), Pyrolusit (Polianit, Weichmanganerz) MnO_2. Psilomelan (Hartmanganerz) $(BaH_2O)_2Mn_5O_{10}$, Wad $MnO_2 \cdot 2H_2O$, Hausmannit Mn_3O_4, Manganblende

(Alabandin)α-MnS, Hauerit (Mangankies) MnS_2, Manganitγ- (Groutitα-) MnOOH, Scacchit $MnCl_2$, Crednerit $CuMn_2O_4$, Pyrochroit $Mn(OH)_2$, Chalkophanit $2\,MnO(OH)_2 \cdot (Zn, Mn)O$, Pyrophanit $MnTiO_3$, Armangit $Mn_3\,[AsO_3]_2$, Apjohnit siehe Aluminium, Hübnerit $Mn[WO_4]$, Wolframit siehe Wolfram, Purpurit (Mn, Fe([PO_4], Dickinsonit $Na_3Mn_7H[PO_4]_6$, Triploidit $(Mn, Fe^{\cdot\cdot})_2[OH|PO_4]$, Sarkinit $Mn_2[OH|AsO_4]$, Struvit $MnFe_2[PO_4]_2(OH)_2 \cdot 6\text{-}8H_2O$, $Mn_2[OH|AsO_4]$, Allaktit Mn_7-$[(OH)_4|AsO_4]_2$, weitere Phosphate sind Palait, Hureaulith, Baldaufit, Brackebuschit, Reddingit, Phosphoferrit Wentzelit, Lehnerit, Roscherit, Bermanit, Wagnerit, Childrenit, Eosphorit, Akrochordit, Hämafibrit $Mn_3[(OH)_3|AsO_4] \cdot H_2O$, Synadelphit $Mn_4[(OH)_5|AsO_4]$, Braunit (Långbanit) $Mn^{\cdot\cdot}\,Mn_6^{\cdot\cdot\cdot\cdot}$ $[O_8|SiO_4]$, Mallardit (Manganvitriol) $Mn[SO_4] \cdot 7H_2O$, Katoptrit $Mn_{14}Sb_2(Al, Fe)_4\ [O_{21}|(SiO_4)_2]$, Spessartin (Granat) $Mn_3Al_2[SiO_4]_3$, Rhodonit (Mn, Fe, Ca)[SiO_3], Pyroxmangit (Mn, Fe)[SiO_3], Inesit $Ca_2Mn_7H_2[SiO_3]_{10} \cdot 5H_2O$. Ardennit $Mn_4(MnAl)_3[(OH)_2|(V, As)O_4 \cdot (SiO_4)]_5 \cdot 2H_2O$. Karpholith $MnAl_2[(OH)_4|SiO_6]$, Pennantit $(Mn, Al, Fe)_3[(OH)_2|(Al, Si)S_{13}O_{10}]$, Asbolan (schwarzer Erdkobalt, Kobaltschwärze) enthält neben MnO_2 auch H_2O und Co. Wolfeit (Mn, Fe) $2\,[UH|PO_4]$.

Eisen. Eisenverbindungen hinterlassen nach längerem Blasen auf Kohle eine magnetische Kugel; durch Zugabe von Soda wird die Reduktion beschleunigt. In den Perlen ist Eisen stets zu erkennen. Sind andere Metalloxide, welche die Perle färben vorhanden, hat man folgendermaßen zu verfahren: Bef Gegenwart von Kupfer erhält man eine grüne Oxidationsperle; diese, auf Kohle reduziert, scheidet metallisches Kupfer aus, die Boraxperle zeigt alsdann die Eisenfärbung. Ist Mangan vorhanden, so läßt sich Eisen in der Reduktionsperle nachweisen. Enthält die Substanz Kobalt und Nickel, so wendet man den auf S. 96 angegebenen Gang an. Bei Anwesenheit von Wolframsäure oder Titansäure bekommt man im Oxidationsfeuer in beiden Perlen die Eisenfärbung; im Reduktionsfeuer nimmt die Phosphorsalzperle blutrote Farbe an. Charakteristisch für Eisenphosphate ist das Schmelzen zu einer Kugel, die während des Abkühlens noch einmal aufglüht. Eisenoxidsalzlösungen geben mit Cyankalium einen blauen, amorphen Niederschlag.

Verbindungen: Eisen (α-Form), Nickeleisen mit bis 12 v.H. Ni in Eisenmeteoriten, Orthotaenit (Fe_2Ni), Metataenit (Fe_6 Ni), Cohenit Fe_3C, Chalpit Fe_2C, Schreibersit (Rhabdit) (Fe, Ni, $Co)_3P$ in Meteoriten, Awaruit (Eisennickel) NiFe, Pyrit (Schwefelkies, Eisenkies Gelpyrit) FeS_2, Daubréelith $FeCr_2S_4$, Violarit, Bravoit siehe Nickel, Markasit (Speerkies FeS_2, Löllingit $FeAs_2$, Arsenkies (Arsenopyrit) FeAS, Glaukodot siehe Kobalt, Molysit $FeCl_3$, Magnetit (Magneteisenerz) Fe_3O_4, Jakobsit $MnFe_2O_4$, Titanomagnetit, Hercynit $FeAl_2O_4$, Trevorit Ni-Fe_2O_4, Franklinit $ZnFe_2O_4$, Hämatit, (Spekularit, Roteisenerz, Eisenglanz) α-Fe_2O_3, Magnetkies (Pyrrhotin) $Fe_{10}S_{11}$, Violarit $(Ni, Fe)_3S_4$, Nickelmagnetkies (Ni, Fe)S (bis 3 v.H.Ni, Pentlandit $(Fe,Ni)_9S_8$, Cubanit $CuFe_2S_3$, Zinnkies (Stannin) siehe Zinn, Gudmundit FeSbS, Sternbergit $AgFe_2S_3$, Argentopyrit (Silberkies) $AgFeS_3$, Magnoferrit $MgFe_2O_4$, Chromit siehe Chrom, Magnetoplumbit $Pb \cdot 6Fe_2O_3$, Plumboferrit $PbO \cdot 2Fe_2O_3$, Kupferkies, Bornit siehe Kupfer, Bixbyit $(Mn, Fe)_2O_3$, Ilmenit (Titaneisen) $FeTiO_3$, Ulvit F_2TiO_4, Schafarzikit $5FeO \cdot 2Sb_2O_3$, Sitaparit $(Mn, Fe)_2O_3$, Goethit (Nadeleisenerz) α-FeOOH, Lepidokrokit (Rubinglimmer)γFeOOH, Limonit (brauner Glaskopf, Brauneisenerz, Siderogel, Wiesenerz, Xanthosiderit, Stilpnosiderit, Gelbeisen, gelber Ocker, Bohnerz, Minette) $2Fe_2O_3 \cdot 3H_2O$, Eisenspat (Siderit) $FeCO_3$, Ludwigit $(Mg, Fe^{\cdot\cdot})_2F^{\cdot\cdot\cdot}[O_2|BO_3]$, Ransomit $CuFe_2^{\cdot\cdot\cdot}[SO_4]_4 \cdot 7H_2O$, Jarosit $K \cdot Fe_3[(OH)_6|(SO_4)_2]$ Schmollnitzit $Fe[SO_4] \cdot H_2O$, Melanterit (Eisenvitriol) $Fe[SO_4] \cdot 7H_2O$, Coquimbit $Fe_2[SO_4]_3 \cdot 9H_2O$, Römerit $(Fe^{\cdot\cdot}Fe^{\cdot\cdot\cdot}[SO_4]_4 \cdot 14H_2O$, Halotrichit $FeAl[SO_4]_4 \cdot 22H_2O$, Ferrinatrit $Na_3Fe[SO_4]_3 \cdot 3H_2O$, Butlerit (Amarantit) $Fe[OH|SO_4] \cdot 3H_2O$, Copiapit $MgFe_3^{\cdot\cdot\cdot}$ $[(OH)_3(SO_4)_4]_2 \cdot 18H_2O$, Ferrotellurit siehe Tellur, Ferberit siehe Wolfram, Purpurit $(Mn, Fe)[PO_4]$, Slavikit $MgFe_3$ $[(OH)_3|(SO_4)_4 \cdot 18H_2O$, Triplit $(Fe, Mn)_2[F|PO_4]$, Kraurit $(Fe_2^{\cdot\cdot\cdot}, Fe_3^{\cdot\cdot})[(OH)_3|P_4]$, Asowskit $Fe_3[(OH)_6|PO_4]$, Phosphosiderit (Strengit) $Fe[PO_4] \cdot 2H_2O$, Skorcdit $Fe[AsO_4] \cdot 2H_2O$, Koninckit $Fe[PO_4] \cdot 3H_2O$, Vivianit (Blaueisenerde) $Fe_3[PO_4]_2 \cdot 8H_2O$, Sudlamit mit $4H_2O$, Symplesit $Fe_3[SO_4]_2 \cdot$

$8H_2O$, Vauxit $FeAl_2[OH|PO_4]_2 \cdot 5H_2O$, mit $8H_2O$ Paravauxit. Eleonorit $Fe_3[(OH)_3|(PO_4)_2] \cdot 2^1/_2H_2O$, Beraunit mit $3H_2O$. Pharmakosiderit $KFe_4[(OH)_4|(AsO_4)_3] \cdot 6\text{-}7H_2O$. Childrenit (Fe, Mn)$Al[(OH)_2|PO_4] \cdot H_2O$, Fayalit $Fe_2[SiO_4]$, Klinoferrosilit $Fe_2[Si_2O_6]$, Hedenbergit siehe Calcium, Ägirin $NaFe[Si_2O_6]$, Grunerit $(Fe, Mg)_7OH|Si_4O_{11}]_2$, Taramellit, Gillespit siehe Barium, Nontronit $Fe_2[(OH)_2|Si_4O_{10}] \cdot nH_2O$, Almandin (Eisentongranat) $Fe_3Al_2[SiO_4]_3$, Melanit, Andradit siehe Calciumgranat. Humboldtin (Oxalit) $F[C_2O_4] \cdot 2H_2O$.

Neben Eisen prüfe man stets mit Hilfe des Platinbleches nach S. 14 oder mit der Boraxperle nach S. 29 auf Mangan.

Nickel. Die Oxide des Nickels, auch geringe Mengen, lassen sich leicht in der Perle nachweisen. Auf Kohle mit Boraxglas geschmolzen, scheidet sich Nickel ab. Eine nickelhaltige Substanz hinterläßt nach langem Blasen auf Kohle eine magnetische Kugel. In salpetersaurer Lösung eingedampft mit Dimethylenglyoximlösung scharlachrote Kristalle.

Verbindungen: (Fe, Ni), Nickeleisen Awaruit, Schreibersit siehe Eisen, Dienerit Ni_3As, Maucherit Ni_4As_3, Melonit siehe Tellur, Parkerit $Ni_3(Bi, Pb)_2S_2$, Heazlewoodit Ni_3S_2, Bravoit (Kobaltnickelpyrit) $(Fe, Ni, Co)S_2$, Pentlandit $(Fe, Ni)_9S_8$, Nickelin (Rotnickelkies) NiAs, Breithauptit NiSb, Arit Ni(As, Sb), Millerit γ-NiS, Vaesit NiS_2, Siegenit $(Co, Ni)_3S_4$, Polydymit Ni_3S_4, Violarit $(Ni, Fe)_3S_4$, Ullmannit NiSbS. Blockit (Penroseit) siehe Selen, Gersdorffit (Graunickelkies) NiAsS, Willyamit (Co, Ni)SbS, Rammelsbergit $NiAs_2$ und Para-R., Chloanthit (Weißnickelkies), $NiAs_{3-2}$, Dienerit Ni_3As), Bunsenit NiO, Trevorit siehe Eisen, Ahlfeldit $Ni[SeO_3] \cdot 2H_2O$. Annabergit (Nickelblüte) $Ni_3[AsO_4]_2 \cdot 8H_2O$, Nickelvitriol (Morenosit) $Ni[SO_4] \cdot 7H_2O$, Röttisit $(Ni, Al)_6[(OH)_8|(Al, Si|Si_3O_{11}]$, Garnierit $(Ni, Mg)_6[(OH)_2|Si_4O_{11}] \cdot H_2O$, Zaratit (Ni-Smaragd) $Ni_3[(OH)_4|CO_3] \cdot 4H_2O$, Neponit $(Ni, Mg)_6 [(OH)_8|Si_2O_{10}]$, Schuchardtit $(Ni, Mg, Al)_6[(OH)_8|(Al, Si)Si_3O_{10}]$, Connarit $(Ni, Fe)_6[(OH)_8|(Fe, Si)Si_3O_{10}]$, Pimelit $(Ni, Mg)_3[(OH)_2|Si_4\text{-}Ot \cdot nH_2OO_{10}]$, Hellyerit $NiCO_3 \cdot 6H_2O$, Braggit (Pt, Pd, Ni)S.

Kobalt. Kobaltverbindungen sind leicht in den Perlen zu erkennen; sowohl die Borax- und Phosphorsalzperlen werden smalteblau gefärbt. Auf Kohle bleibt ein magnetischer Rückstand.

Bei Gegenwart von Nickel und Kupfer schmilzt man die Substanz mit Borax und Blei auf Kohle in der Reduktionsflamme, wobei Kupfer und Nickel vom Bleikorn aufgenommen werden; das Boraxglas zeigt die smalteblaue Kobaltfärbung. Mit Kaliummerkurirhodanid blaue Prismen von Kobaltmerkurirhodanid.

Die Arsen- und Schwefelverbindungen des Kobalts enthalten meistens Nickel in größerer oder geringerer Menge. Der Gehalt an Kobalt verdeckt jedoch meistens die Nickelfärbung. Schmilzt man nun die Probe mit Gold zusammen, welches das Nickel aufnimmt und seine Farbe ändert, und bringt das nickelhaltige Goldkorn neben Phosphorsalz auf Kohle, so erhält man nach langem oxidierenden Blasen die goldgelbe Nickelperle.

Verbindungen: Jaipurit γ-CoS, Cattierit CoS_2, Arsenkobalt (Modderit) CoAs, Linneit (Kobaltkies) Co_3S_4, Siegenit $(Co, Ni)_3S_4$, Carollit $(Co, Cu)_3S_4$, Kobaltglanz (Cobaltin) CoAsS, Willyamit, (Co, Ni) SbS, Asbolan (Erdkobalt) siehe Mangan, Kobaltspat (Kobaltit, Sphärokobaltit) $CoCO_3$, Penroseit (Blockit) $K(Ni, Cu, Co)Se_2$, Danait ist Glaukodot mit weniger als 9 v.H. Kobalt. Julienit $Na_2Co[CSN] \cdot 8H_2O$, Kirchheimerit $Co(UO_2)_2(AsO_4)_2 \cdot 8H_2O$, Bismutosmaltin $Co(As, Bi)_3$, Safflorit $CoAs_2$, Glaukodot (Co, Fe)AsS, Skutterudit (Speiskobalt, Smaltin) $CoAs_{3-2}$, Erythrin (Kobaltblüte) $Co_3[AsO_4]_2 \cdot 8H_2O$, Trogtalit, CoSe, Kobaltnickelpyrit (Bravoit) $(Co, Ni, Fe)S_2$, Roselith α-$Ca_2Co[AsO_4)_2 \cdot 2H_2O$, Bornhardit Co_3Se_4.

Uran. Die Boraxperle strahlt nach einigem Blasen ein grünes Licht aus. Das Phosphorsalz gibt im Reduktionsfeuer die charakteristische Uranfärbung. Mit Soda und Essigsäure bilden sich gelbe Tetraeder. Uranmineralien enthalten alle Radium; sie sind radioaktiv. Die entweichende Radiumemanation macht die Luft leitend, und so kann man auf Radioaktivität prüfen, wenn man ein Uranmineral auf eine Messingplatte bringt, darüber ein zylindrisches Gefäß stülpt, in welches eine Metallplatte eingelassen ist, an deren Ende sich ein geladenes Elektroskop befindet. Letzteres wird allmählich entladen, je nach Stärke der Aktivität und Entfernung der Elektroskopblättchens vom Mineral bzw. von der andern Platte. Der Abstand der Platten (Elektronenabstand) wird am besten bei Verwendung von 15 g Substanz 5 cm genommen. Das zu untersuchende

Mineral wird vorher getrocknet und unter Umständen geglüht. Mit einigen Abänderungen des Apparats, wie er von Günther und Tegetmeyer in Braunschweig zuerst benützt und dann von Engler und Sieveking zwecks Aufnahme von Flüssigkeit verbessert wurde (Fontaktoskop genannt), lassen sich sicher und sehr genau in Mache-Einheiten (das 1000fache einer Einheit) die Radioaktivitäten von Quellen und von festen Stoffen der Luft bestimmen.

Alle Uranmineralien enthalten je nach Alter mehr oder weniger Radium und damit auch Radon. Auf 3 Millionen Uranatome entfällt 1 Radiumatom. Heute verwendet man zur Messung der Radioaktivität das Scintillometer, das den Geigerzähler ersetzt, der mit Einzelzählrohren ausgestattet war. Das Scintillometer (Habross-Instrument) hat eine sehr hohe Empfindlichkeit für Gamma-Strahlen, eine fast unbegrenzte Haltbarkeit des Kristall-Detektors und gestattet Uranmineralien auf Halden, auch wenn sie von Schutt bedeckt sind, festzustellen. Ein Urangehalt von 0,01 g oder 0,0002 v.H. ermöglicht die deutliche Bewegung des Zeigers über der für das Ablesen der Impulsraten bestimmten Skala. Aber das Scintillometer kostet mehrere 1000 DM! Es hat wohl kein Mineraliensammler so viel Radiummineralien, daß die Radioaktivität in der Luft gefährlich werden kann. Die Toleranzdosis von 10^{-7} Curie pro cbm Luft wird im allgemeinen nicht erreicht. Wer sich sichern will, kann das radioaktive Mineral in einer Bleischachtel mit 3-6 mm dicker Wandung unterbringen.

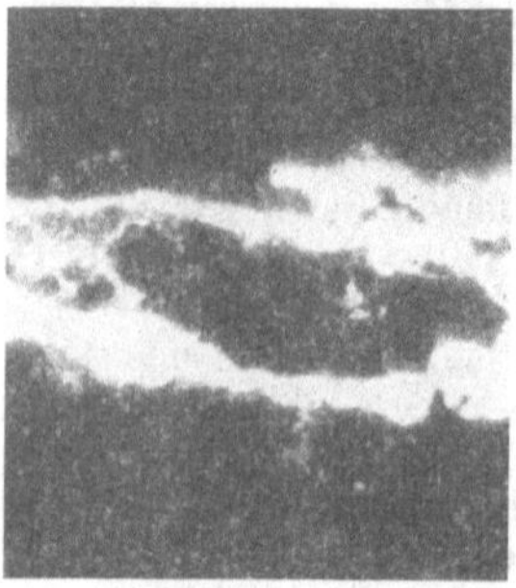

Abb. 11

Billig und einfach ist die Prüfung mit Hilfe der Autoradiog aphie. Man legt 4 bis 24 Stunden in der Dunkelkammer das Mineral auf eine Photoplatte. Sie wird geschwärzt, bzw. weiß, wie die Abbildung zeigt (Fig. 11).

Da das Interesse heute an Uran und seinen Kernen sehr groß ist, hat man viele Uranmineralien gesucht und auch viele neue gefunden. Es gibt weit über 100 Uranmineralien! Etwa die Hälfte seien nachfolgend genannt.

Verbindungen: Uranpecherz (Uraninit, Pechblende, Ulrichit) UO_2, Bröggerit $(U, Th)O_2$, Thorianit $(Th, U)O_2$, Janthinit $2UO_2 \cdot 7H_2O$, Becquerelit $2UO_3 \cdot 3H_2O$, Schoepit $2UO_3 \cdot 4^1/_2H_2O$, Paraschoepit $5UO_3 \cdot 9^1/_2H_2O$, Curit (Curierit) $3PbO \cdot 8UO_3 \cdot 4H_2O$, Fourmarierit $Pb \cdot 4UO_3 \cdot 5H_2O$, Clarkeit $(Na_2, K_2Pb) O \cdot 3UO_3 \cdot 3H_2O$, Vandenbrandeit $CuO \cdot UO_3 \cdot 2^1/_2H_2O$, Sharpit $[(UO_2)_6|(OH)_2|(CO_3)_5] \cdot 7H_2O$. Randit $Ca_5[UO_2|(CO_3)_6$, Uranothallit $Ca_2[UO_2|(CO_3)_3] \cdot 10H_2O$, Arsenuranylit $Ca(UO_2)_4[AsO_4]_2(OH)_4 \cdot 6H_2O$, Novacekit $Mg(UO_2[AsO_4]_2 \cdot nH_2O$, Schröckingerit $Na_2Ca_3[UO_3|SO_4|(CO_3)_3 \cdot 10H_2O$, Saléeit $Mg[UO_2|PO_4]_2 \cdot 10H_2O$, Torbernit (Kupferuranglimmer) $Cu[UO_2|PO_4]_2 \cdot 8H_2O$, Autunit (Kalkuranglimmer) $Ca[UO_2|PO_4]_2 \cdot 8H_2O$, Lermontovit $(U, Ca...)_3(PO_4)_4 \cdot 6H_2O$, Prjewalskit $Pb[(UO_2)_2(PO_4)_4] \cdot 4H_2O$, Sabugalit $HAl(UO_2)_4[PO_4] \cdot 16H_2O$, Paulit $HAl(UO_2)_4[AsO_4]_4 \cdot 16H_2O$ Ellweilerit wasserhaltiges Na-Uranylarsenat, Kahlerit $Fe[UO_2|AsO_4] \cdot 10H_2O$ Zeunerit (Kupferarsenuranit) $Cu[UO_2|AsO_4]_2 \cdot 10H_2O$, Uranospinit (Kalkarsenuranit, z. T. Koechlinit) $Ca[UO_2|AsO_4]_2 \cdot 8H_2O$, Irigit $UO_3 \cdot 2MoO_3 \cdot 4H_2O$, Uranocircit, (Bariumphosphoruranit), $Ba[UO_2|PO_4]_2 \cdot 8H_2O$, Kirchheimerit $Co(UO_2)_2(AsO_4)_2 \cdot 8H_2O$, Heinrichit $Ba(UO_2)_2(AsO_4)_2 \cdot 8H_2O$, Tyuyamunit $Ca[UO_2|VO_4]_2 \cdot 5\text{-}8H_2O$, Carnotit $K[UO_2|VO_4] \cdot 3H_2O$, Ferghanit $U_3[VO_4]_2 \cdot 6H_2O$, Trögerit $[(UO_2)_3|(AsO_4)_2] \cdot 12H_2O$, Bleiuranphosphate: Parsonsit, Dewindtit, Uranit $[(UO_2)_2V_6O_{17} \cdot 15H_2O$, Orlit $3PbO \cdot 3UO_2 \cdot 4SiO_2 \cdot 6H_2O$. Coffinit $U[SiO_4]$, Boltwoodit $K_2(UO_2)_2[SiO_3l(OH)2 \cdot 5H_2O$, Renardit $Pb[UO_2)_4|(OH_4)|(PO_4)_2] \cdot 8H_2O$, Dumontit mit $3H_2O$. Soddyit $[U_2O_4|SiO_4] \cdot 2H_2O$, Kasolit $Pb[UO_2|SiO_4] \cdot H_2O$, Sklodowskit $Mg[UO_2|SiO_3OH]_2 \cdot 5H_2O$, Uranotil (Uranophan), $CaU_2[(OH)_3|SiO_4]_2 \cdot 4H_2O$, Uranosphärit $BiO_2OH \cdot UO_2$, Zippeit (Uranblüte) $UO_3[UO_2|SO_4] \cdot 4-8H_2O$, Johannit (Uranvitriol) $Cu[OH|UO_2|SO_{42}] \cdot 6H_2O$, Uranophilit mit 10 bis $16H_2O$, Rauvit $CaU_2[O_3|(V_6O_{17})] \cdot 2H_2O$. Cuprosklodowskit $CuUO_2|SiO_3OH]_2 \cdot 5H_2O$, Walpurgin siehe Wismu', Rutherfordin $[UO_2|OU_3]$. Sharpit

$[UO_2|CO_3] \cdot H_2O$. Koppit (siehe Fluor) von Schelingen enthält 4,1 v.H., der vom Badloch i. Kaiserstuhl 11,1 v. H. Ur_3O_5. Sengierit siehe Vanadin, Moluranit siehe Molybdän.

Wolfram. Die gewöhnlich vorkommenden Wolframverbindungen lassen sich leicht in der Phosphorsalzperle erkennen. Mikroreaktion mit Na_2HPO_4 und Salmiak kleine Oktaeder von Ammonphospotungstat. Tüpfelreaktion mit Diphenylin. Bei Gegenwart von Eisen wird die Perle rotbraun. Dieselbe Perle gibt auch Titan, wenn Eisen anwesend ist. Wolframit und Titaneisen ($FeTiO_3$) geben dieselbe Perle; sie unterscheiden sich durch den Grad der Schmelzbarkeit: Wolframit ist ziemlich leicht zur Kugel schmelzbar, Titaneisen nicht oder nur sehr schwer an den Kanten.

Verbindungen: Tungstenit WS_2, Wolframocker (Tungstit) $WO_2(OH)_2$. Hydrotungstit (Meymacit?)$WO_2(OH)_2 \cdot H_2O$, Ferberit $Fe[WO_4]$, Wolframit $(Mn, Fe)[WO_4]$, Hübnerit $Mn[WO_4]$, Scheelit $Ca[WO_4]$, Stolzit (Raspit) $Pb[WO_4]$, Cuproscheelit $(Ca, Cu)[WO_4]$, Thorotungstit $2W_2O_3 \cdot H_2O + (ThO_2, Ce_2O_3, ZrO_2) + H_2O$, Russellit $(Bi_2W)O_3$.

Vanadin. Es findet sich selten in größerer Menge in einem Mineral, ist aber in vielen Mineralien enthalten. Es läßt sich durch die Perlen nachweisen, soweit nicht andere störende Elemente vertreten sind. Die Veränderung der Farbe im Reduktionsfeuer zuerst bräunlich, nach Abkühlung smaragdgrün ist charakteristisch.

Verbindungen: Vanadinocker V_2O_5, erdiges, gelbliches Pulver, Rossit $[V_2O_6] \cdot 4H_2O$, Metarossit $Ca[V_2O_6] \cdot 2H_2O$, Hewettit $CaH_2[V_6O_{17}] \cdot 8H_2O$, Pascoit $Ca_2[V_6O_{17}] \cdot 11H_2O$, Uvanit $[(UO_2)_2|V_6O_{17}] \cdot 15H_2O$, Rauvit $CaU_2[O_3|(V_6O_{17})] \cdot 2H_2O$, Melanovanadit $Ca_2V_{10}O_{25} \cdot 7H_2O$, Vanadinit $Pb_5[Cl|(VO_4)_3]$, Arsenvanadinit, Descloizit (Dechenit) Pb (Zn, Cu)$[OH|VO_4]$, Tyuyamunit $Ca[UO_2|VO_4]_2 \cdot 5\text{-}8^1/_2H_2O$, Sengierit $Cu[UO_2|VO_4]_2 \cdot 8\text{-}10HO_2$, Mottramit. (Turanit) Pb(Cu, Zn)$[OH|VO_4]$, Volborthit Ca, Cu$[OH|VO_4]$, Aräoxen (Hügelit?) $PbZn[OH|(V, As)O_4]$, Carnotit $K_2[UO_2|VO_4] \cdot 3H_2O$, Alait VO_2OH, Steigerit $Al(VO_4) \cdot 3H_2O$, Corvusit $V_2O_4 \cdot 6V_2O_5 \cdot xH_2O$(?) pechschwarze Imprägnationen im Sandstein, Vanoxit $2V_2O_4 \cdot V_2O_5 \cdot 8HO$, Brackebuschit $Pb_2(Mn, Fe)[VO_4]_2$

$\cdot H_2O$, Fervantit $Fe[VO_4] \cdot H_2O$, Pucherit $Bi[VO_4]$, Vesbin $PbCu[OHVO_4] \cdot 2^1/_2 H_2O$, Sulvanit Cu_3VS_4, Minasragrit $V_2[(OH_2) | (SO_4)_3] \cdot 15H_2O$, Usbekit (Volborthit) $Cu_3[VO_4]_2 \cdot 3H_2O$, Duttonit (Navajoit), $VO(OH)_2$, Nolanit $Fe_3V_8O_{18}$, Simplotit $CaV_4O_9 \cdot 5H_2O$, Patronit VS_4.

Chrom. Die Borax- und Phosphorperle läßt Chromsäure in der Regel erkennen. Bei Gegenwart von Eisen gibt die Phosphorsalzreduktionsperle nur die Chromoxidperle, da die Eisenperle farblos ist. Ist Kupfer und Blei zugegen, so werden die Perlen undurchsichtig rot oder grau. Auf Kohle im Reduktionsfeuer tritt die grüne Chromfärbung hervor. HNO_3-Lösung mit Silbernitrat versetzt, liefert rubinrotes, pleochroitisches Silberchromat.

Verbindungen: Tarapacit $K_2[CrO_4]$, Krokoit (Rotbleierz, Kallochrom) $Pb[CrO_4]$, Phönicit $Pb_3[O|(CrO_4)_2]$, Laxmannit $(Pb, Cu)_5[PO_4|CrO_4]_2$, Lopezit $K_2[Cr_2O_7]$, Uwarowit (Chromgranat) $Ca_3Cr_2(SiO_4)_3$, Daubréelith $FeCr_2S_4$, Chromit (Chromeisenerz), $FeCr_2O_4$, Magnochromit (Pikrochromit) $MgCr_2O_4$, Picotit $(Fe, Mg)(Al, Cr, Fe)_2O_4$, Chromhercynit $Fe(Al, Cr)_2O_4$, Kämmererit $(Mg, Cr)_3[(OH)_8|CrSi_3O_{10}]$, Chrom-Amesit, Kotschubeyit, Klinochor, Chromdiopsid, Chrommuskovit (Fuchsit). Chrom färbt viele Silikate grün, Dietzeit $Ca_2[CrO_4|(JO_3)_2]$, Barbertonit $Mg_6Cr_2[(OH)_{16}|CO_3] \cdot 4H_2O$, Chromspinell (Picotit) $(Mg, Fe)(CrAl)_2O_4$, Hanleit $Mg_3Cr_2[SiO_4]_3$.

Titan. Durch die Phosphorsalzperle ergibt sich Titansaäure zu erkennen; bei Gegenwart von Eisen ist die Perle rotbraun (siehe S. 31). Mit H_2O_2 gelbe bis cognakbraune Lösung. Die Titanoxide sind in Säuren unlöslich, aber Anatas in konz. H_2SO_4 durch Erhitzen. Die Schmelze mit Kalihydrat oder Soda in Salzsäure gelöst, wird beim Kochen mit Stanniol violett und nach Verdünnen mit Wasser rot.

Verbindungen: Anatas, Rutil, Brookit (TiO_2), Titaneisen (Ilmenit) ($FeTiO_3$), Ulvit Fe_2TiO_4, Titanomagnetit, Titanohämatit, Magnetoilmenit, Davidit, Ferulit Ur-haltig. Perowskit (Uhligit, Knopit mit 4-5% Cer) ($CaTiO_3$), Osbornit TiN (in Meteoriten).

Geikielith $MgTiO_3$, Pyrophanit $MnTiO_3$, Dysanalyt (Ca, Fe, Y Na)(Ti, Fe, Nb)O_3, Pseudobrookit Fe_2TiO_3, Lamprophyllit siehe Strontium, Johnstrupit (Mosandrit) (Ca, Na_3)(Ti, Ce) [F|$(SiO_4)_2$], Ramsayit (Lorenzenit) Na_2Ti_2[O|$(SiO_4)_2$], Titanit CaTi[O|SiO_4], Benitoit BaTi[Si_3O_9], Murmanit NaTi[O|SiO_4], Leukosphenit Na_4BaTi_2[$Si_{10}O_{27}$], in Augit, Hornblende, Derbylith 6Fe · $5TiO_2$ · Sb_2O_5, Risörit (Y...)(Nb, Ti)O_4, Neptunit Na_2FeTi[Si_4O_{12}], Loparit (Na, Ce, Th)(TiNb)[O(OH)x].

Kupfer. Kupferhaltige Mineralien erteilen, in der Platinpinzette mit dem Kern der blauen Flamme berührt, der Flamme eine grüne Färbung. Ist eine solche nicht zu erhalten, so befeuchtet man die Substanz mit Salzsäure (am besten auf Kohle); das sich bildende Chlorkupfer färbt die Flamme beim Berühren azurblau. Auf diese Weise läßt sich Kupfer, wenn es mit anderen die Perle färbenden Metalloxiden zusammen vorkommt, nachweisen.

Die Oxidationsperlen sind himmelblau; auf Kohle scheidet sich im Reduktionsfeuer metallisches Kupfer aus.

Verbindungen: Cu, Whitneyit (Cu, As), Algodonit Cu_6As, Domeykit α-Cu_3As, Horsfordit Cu_6Sb, Weissit Cu_2Fe, Rickardit Cu_4Te_3, Kupferglanz (Chalkosin) Cu_2S, Neodigenit Cu_2S_5, Berzelianit (Selenkupfer) Cu_2Se, Crookesit siehe Selen, Stromeyerit Cu_2S · Ag_2S, Eukairit Cu_2Se · Ag_2Se, Jalpait Cu_2S · $3Ag_2S$, Bornit (Buntkupferkies) Cu_5FeS_4, Kupferkies (Chalkopyrit) $CuFeS_2$, Tennantit Cu_3AsS_{3-4} (Arsenfahlerz), Tetraedrit (Sb-Fahlerz) Cu_3SbS_{3-4}, Germanit Cu_3(Fe. Ge)S_4, Colusit Cu_3 (Fe, As, Sn) S_4, Sulvanit Cu_3VS_4, Enargit (Luzonit) Cu_3AsS_4, Stibioluzonit Cu_3SbS_4, Cubanit $CuFe_2S_3$, Covellin (Kupferindig) CuS, Klockmannit CuSe, Valleriit $Cu_3Fe_4S_7$, Emplektit Cu_2S · Bi_2S_3, Wittichenit $3Cu_2S$ · Bi_2S_3, Wolfsbergit Cu_2S · Sb_2S_3, Epigenit 4CuS · 3FeS · As_2S_3, Pearceit (Arsenpolybasit) 8(Ag, $Cu)_2S$ · As_2S_3, Polybasit 8(Ag, $Cu)_2S$ · Sb_2S_3. Nantokit $CuCl_2$, Marshit CuJ, Miersit 4AgJ · CuJ, Buttgenbachit Cu_{19}[Cl_4|$(OH)_{32}$|$(NO_3)_2$ · $2H_2O$, Antofagastit $CuCl_2$ · $2H_2O$, Atakamit $Cu_2(OH)_3Cl$, Cuprit (Rotkupfererz) Cu_2O, Tenorit (Melakonit) CuO, Delafossit $CuFeO_2$, Salesit Cu[JO_3OH], Azurit Cu_3[OH|CO_3]$_2$, Malachit Cu_2[$(OH)_2$|CO_3], Aurichalcit (Messingblüte) $(ZnCu)_5$[$(OH)_3$|CO_3]$_2$, Atelit (Paraatakamit) $Cu_2(OH)_3Cl$, Bandylith siehe Bor.

Hydrocyanit (Chalkocyanit) $Cu[SO_4]$. Dolerophanit $Cu_2[O|SO_4]$, Antlerit $Cu_3[(OH)_4|SO_4]$, Brochantit $Cu_4[(OH)_6|SO_4]$, Connellit $Cu_{19}[Cl_4|(OH)_{32}|RO_4+4H_2O]$ Boothit (Kupfervitriol) $Cu[SO_4]\cdot 7H_2O$, Langit $Cu_4[(OH)_6|SO_4]\cdot H_2O$, Kamarezit, Ktenasit und Vernadskyit dieselbe Zus., nur verschiedene H_2O-Gehalte, Chalkophyllit $Cu_{18}Al_2[(OH)_9|SO_4\text{-}AsO_4]_3\cdot 36H_2O$, Johannit siehe Uran, Tirolit (Kupferschaum) $Ca_2Cu_9[(OH)_{10}|(AsO_4)_4]\cdot 10H_2O$. Torbernit, Zeunerit siehe Uran, Chrysokoll $CuSiO_3\cdot nH_2O$, Plancheit $(Cu, Ca)_3[Si_3O_9]\cdot 1^1/_2H_2O$, Dioptas $Cu_6[Si_6O_{18}]\cdot 6H_2O$, in vielen Kupferhüttenprodukten. besonders in den Eisensanden, die bei der Verhüttung eisenreicher Kupfererze über Schachtöfen sich bilden, $3H_2O$, Libethenit $Cu_2[OH|PO_4]$, Tagilit $Cu_2[OH|PO_4]\cdot H_2O$, Tsumebit siehe Blei, Olivenit $Cu_2[OH|AsO_4]$, Leukochalcit $Cu_3[OH|AsO_4]\cdot H_2O$, Duftit $PbCu[OH|AsO_4]$, Mitscherlichit $K_2[CuCl_4]\cdot 2H_2O$, Chalkomenit $Cu[SeO_3]\cdot 2H_2O$, Gallit $CuGaS_2$, Erinit (Cornwallit) $Cu_5[(OH)_2|PO_4]_2$.

Cer, Niob Lathaniden, Ytterbium, Lathan, Neodym, Erbium, Samarium. Von diesen Elementen ist Cer am häufigsten; sie finden sich in isomorpher Mischung in den Cermineralien.

Sind keine die Perle färbenden Metalloxide vorhanden, so bekommt man mit Borax und Phosphorsalz rote und dunkelgelbe Glasperlen im Oxdiationsfeuer. Im Reduktionsfeuer wird die Phosphorsalzperle ganz farblos, ebenso die Oxidationsperle bei Abkühlung.

Bei Gegenwart von färbenden Metalloxiden wende man den nassen Weg an.

Verbindungen: Cerit $(Ca, Fe)Ce_3H[H_2O|(SiO_4)_3]$, Orthit (Allanit) $(Ca, Ce, La, Na)_2(Al. Fe. Be, Mg, Mn)_3[OH|SiO_4|Si_2O_7]$ Yttrocerit (Cerfluorit) $(Ca, Ce)F_{2-3}$, Fluocerit (Tysonit) $Ca, Ce, Pr, Nd-La)F_3$, Euxenit (Polykras) $(Y, Er, Ce, U, Pb, Ca)[(Ti, Nb, Ta)_2(O, OH)_6]$, Polymignit $(Ce, La, Y, Th, Mn, Ca)[(Ti, Zr, Nb, Ta)_2O_6]$, Blomstrandin (Priorit) $(Y, Ce, Th, Ca, Na, U)[Ti, Nb, Ta)_2O_6]$, Äschynit $(Ce, Th, Ca, U^{\cdots})[(Nb, Ti, Ta)_2O_6]$, Monazit $Ce[PO_4]$, Xenotim $Y[PO_4]$, Lanthanit $(La, Dy, Ce)_2[CO_3]_3\cdot 8H_2O$, Nagatelit $(Ca, Ce)_2(Al, Fe^{\cdots}, Fe^{..})_3[OH|SiO_4\cdot PO_4)_3]$, Beckelith $Ca_3(Ce, La, Nd)_4[O|SiO_4]_3$, Kordylit $Ba(Ce, La, Nd)_2$

$[F_2|(CO_3)_3]$, Lessingit $Ca_2(Ce, Nd, La)_4H_4[O|SiO_4]_3$, Bastnäsit $(Ce,[F|(CO_3)_3]$ Parisit $Ca(Ce, Nd, La)[F_2|(CO_3)_3]$, Törnebomit $(Ce, La, Al)_3[OH|(SiO_4)_2]$, Florencit $CeAl_3[|(OH_6)|(PO_4)_2]$, Kainosit $Ca_2(Ce, Y)_2[CO_3|Si_4O_{12}] \cdot 1\text{-}2H_2O$, Rinkit $Na(Ca, Ce)_2(Ti, Ce)_2[F|(SiO_4)_2]$, Steenstrupin (Stiepelmannit) $Na_2Ce(Mn, Ta, Fe)H_2[(Si, P)O_4]_3$, Thalenit $Y_2[Si_2O_7]$, Koppit siehe Fluor, Risörit siehe Titan.

4. Flüchttige, auf Kohle einen Beschlag gebende Mineralien

Blei. Bleiverbindungen geben auf Kohle einen in der Kälte grüngelben Oxidbeschlag, ziemlich nahe der Probe; der Jodidbeschlag ist kanariengelb (S. 19). Berührt man bleihaltige Verbindungen mit der Flamme auf Kohle, so nimmt man einen blauen Lichtschein wahr. Ist der Bleioxidbeschlag, wie bei manchen Schwefelverbindungen schwer zu erhalten, so gebe man Soda zur Probe, wodurch die Reduktion zu Blei beschleunigt wird und welches nun seinerseits den Bleioxidbeschlag liefert. Bei Gegenwart von Antimon bildet sich ein eidottergelber Beschlag von antimonsaurem Bleioxid; erst später, nachdem das leichter flüchtige Antimon entfernt ist, entsteht der Bleioxidbeschlag.

Verbindungen: Blei Pb, Massicot (Bleiglätte) und Lithargit α-PbO, Bleiglanz (Galenit) PbS, Claustalit PbSe, Altait PbTe, Teallit $PbSnS_2$, Platynit $PbBi_2SSe_2$, Seligmannit $2PbS \cdot Cu_2S \cdot As_2S_3$, Bournonit $2PbS \cdot Cu_2S \cdot Sb_2S_3$, Aikinit $2PbS \cdot Cu_2S \cdot Bi_2S_3$, Lindströmit mit 3, Gladit mit $5Bi_2S_3$, Andorit $2PbS \cdot Ag_2S \cdot 3Sb_2S_3$, Ramdohrit $3PbS \cdot Ag_2S \cdot 3Sb_2S_3$, Freieslebenit $Pb_3Ag_5Sb_5S_{12}$, Diaphorit $4PbS \cdot 3Ag_2S \cdot 3Sb_2S_3$, Fizelyit $5PbS \cdot Ag_2S \cdot 4Sb_2S_3$, Owyheeit $5PbS \cdot Ag_2S \cdot 3Sb_2S_3$, Schirmerit $PbS \cdot 2Ag_2S \cdot 2Bi_2S_3$, Benjaminit $2PbS \cdot (Ag, Cu)_2S \cdot 2Bi_2S_3$, Frankeit und Kylindrit siehe Zinn, Sartorit (Skleroklas) $PbS \cdot As_2S_3$, Baumhauerit $5PbS \cdot 4As_2S_3$ Liveingit $4PbS \cdot 3As_2S_3$, Rathit $3PbS \cdot 2As_2S_3$, Dufrenoysit $2PbS \cdot As_2S_3$, Lengenbachit $7PbS \cdot 2As_2S_3$, Jordanit $5PbS \cdot As_2S_3$ Gratonit $9PbS \cdot 2As_2S_3$, Füllöppit $2PbS \cdot Sb_2S_3$, Zinckenit $PbS \cdot Sb_2S_3$, Plagionit $5PbS \cdot 4Sb_2S_3$, Jamesonit (Para-J.) $4PbS \cdot FeS \cdot 3Sb_2S_3$, Semseyit $9PbS \cdot 4Sb_2S_3$, Boulangerit $5PbS \cdot 2Sb_2S_3$, Falkmanit $3PbS \cdot Sb_2S_3$, Geokronit $5PbS \cdot$

$AsSbS_3$, Rezbanyit, Hammarit, Cosalit, Goongarrit siehe Wismut, Hämatophanit $4PbO \cdot Pb(C,OH)_2 \cdot 2FeO_3$, Boleit $5PbCl_2 \cdot 4Cu(OH)_2 \cdot AgCl \cdot 1^1/_2H_2O$, Pseudoboleit ohne AgCl, Cumengit $5PbCl_2 \cdot 5Cu(OH)_2 \cdot {}^1/_2H_2O$, Fiedlerit $Pb_3(OH)_2Cl_4$, Penfieldit Pb_2OHCl_3, Mendipit $PbCl_2 \cdot 2PbO$, Lorettoit $PbCl_2 \cdot PbO$, Laurionit PbOHCl, Nadorit $PbSbO_2Cl$, Heliophyllit (Ekdemit) $Pb_3\ As_4Cl_2$, Mennige Pb_3O_4, Magnetoplumbit $PbO \cdot 6FeO_3$, Plumboferrit $PbO \cdot 2Fe_2O_3$, Monimolit $Pb_2Sb_2O_6O$, Plattnerit PbO_2, Quenselit $PbO \cdot MnOOH$, Fourmarierit, Curit siehe Uran, Finnemanit $Pb_5[Cl|(AsO_3)_3]$, Phosgenit $Pb_2[Cl_2|CO_3]$, Percylith $PbCl \cdot Cu(OH)_2$ Trigonit $Pb_3MnH[AsO_3]_3$, Schwartzembergit $Pb_5[Cl_3O_3|JO_3]$, Cerussit (Weißbleierz), $Pb[CO_3]$, Anglesit $Pb[SO_4]$, Beudantit $PbFe_3[(OH)_6|SO_4AsO_4]$, Linarit $PbCu[(OH)_2|SO_4]$, Cotunnit $PbCl_2$, Arzrunit $Pb_2Cu_4[O_2Cl_6|SO_4] \cdot 4H_2O$, Phönicit siehe Chrom, Wulfenit (Gelbbleierz) $Pb[MoO_4]$, Raspit $Pb[WO_4]$, Duftit $PbCu[OH|AsO_4]$, Descloizit und Mottramit siehe Vanadin, Pyrobelonit $PbMn[OH|VO_4]$, Bayldonit (Grünbleierz) (Pb, Cu,) $Cu[OH|AsO_4]$, Plumbogummit $PbAl_3H[(OH)_6|(PO_4)_2]$, Pyromorphit $Pb_5[Cl|(PO_4)_3]$, Mimetesit $Pb_5[Cl|(AsO_4)_3]$, Vanadinit und Vesbin siehe Vanadin, Sahlinit $Pb_{14}[Cl_4O_9|(AsO_4)_2]$, Bindheimit $Pb_2Sb_2(O,OH,H_2O)_{6-7}$, Georgiadesit $Pb_3[Cl_3|AsO_4]$, Tsumebit $Pb_2Cu[(OH)_3|PO_4] \cdot 3H_2$, Melanotekit $Pb_3Fe_4[O|SiO_4]_3$, Kentrolith $Pb_3Mn_4[O|SiO_4]_3$, Ganomalith $Pb_6Ca_4[(OH)_2|(Si_2O_7)_3]$, Nasonit anstatt OH Cl, Barysilit $Pb_3[Si_2O_7]$, Bonchewit $PbBi_4S_7$, Galenobismutit siehe Wismut.

Wismut. Auf Kohle geben Wismutmineralien einen in der Wärme orangen, in der Kälte gelben Oxidbeschlag. Der Jodidbeschlag ist scharlachrot.

Verbindungen: Wismut Bi, Tetradymit Bi_2Te_2S, Tellurwismut Bi_2Te_3, Hedleyit Bi_2Te_3, Joseit $Bi_4(Te,S)_3$, Hauchecornit (Ni, Co)$_9$(Bi, Sb)$_2S_8$, Rezbanyit $2PbS \cdot 3Bi_2S_3$, Galenobismutit $PbS \cdot Bi_2S_3$, Hammarit $5PbS \cdot 3Bi_2S_3$, Cosalit $2PbS \cdot Bi_2S_3$, Goongarrit $4Pb \cdot Bi_2S_3$, Karelinit Bi_2S_2O, Bismoclit BiOCl, Bismit $\alpha-Bi_2O_3$, Sillenit $(\gamma)-Bi_2O_3$, Russellit siehe Wolfram, Atelestit $Bi_3[(OH)_2O_2|AsO_4]$, Mixit $BiCu_{10}[(OH)_8|AsO_4] \cdot 7H_2O$, Arsenobismit $Bi_4[OH|AsO_4]_3 \cdot H_2O$, Walpurgin $Bi_{10}[(OH)_{12}O_8|(UO_2)_3(AsO_4)_4]$, Bismutit (Wismutspat) $Bi_2[O_2|CO_3]$, Beyerit $CaBi_2[O|CO_3]_2$, Wismutglanz (Bismuthin) Bi_2S_3, Guanajuatit $Bi_2(Se,S)_3$, Wismutaurit ist Gold mit bis 3% Wismut, Emplektit (Kupferwismutglanz) $Cu_2S \cdot Bi_2S_3$, Wittichenit (Klaprothit) $3Cu_2S \cdot Bi_2S_3$ · Kettnerit CaBi $[(CO_3)OF]$, Uranosphärit $Bi_2U_2O_9 \cdot 3H_2O$, Schapbachit $AgBiS_2$, Pavonit $Ag_2S \cdot 3Bi_2S_3$, Tapalpit siehe Silber, Pucherit $Bi[VO_4]$, Rooseveltit $Bi[AsO_4]$. Schirmerit, Benjaminit, siehe Blei.

Gladit $2PbS \cdot Cu_2S \cdot 5Bi_2S_3$, Lindströmit $2PbS \cdot Cu_2S \cdot 3Bi_2S_3$, Aikinit $2PbS \cdot Cu_2S \cdot Bi_2S_3$, Tapalpit $3Ag_2S \cdot Bi_2(S,Te)_3$?), Parkerit $Ni_3Bi_2S_2$, Kallilith Ni(Bi,Sb)S, Bonchewit $PbBi_4S_7$, Bursait $Pb_5Bi_7S_{11}$. Chilenit (Ag, Bi). Maldonit Au_2Bi, Koechlinit Bi_2MoO_4, Eulytin (Agricolit) $Bi_4[SiO_4]_3$.

Silber. Silberverbindungen geben auf weißer Unterlage den rosa bis dunkelroten Silberoxidbeschlag. Ist außer dem Silber noch Blei oder Antimon zugegen, so bildet sich vor dem roten Beschlag erst ein gelber Bleioxid- oder ein weißer Antimonoxidbeschlag. Sind Blei und Antimon anwesend, so bildet sich ein blauroter Beschlag. Mit Soda geschmolzen hinterlassen die Silberverbindungen stets reine Silberkörner. Hat man keine weiße Unterlage (wie die Oxide von Zink, Antimon, Zinn) gebenden Metalloxide in der Substanz, so setzt man Antimon zu. Auf dem weißen Antimonoxidbeschlag kann sich der Silberoxidbeschlag alsdann deutlich absetzen. Für den Silberoxidbeschlag kann man auch eine weiße Gipsplatte verwenden.

Verbindungen: Silber Ag, Kongsbergit α(-Silberamalgam), α-(Ag,Hg), (Moschel)-Landsbergit γ-(Ag,Hg), Animikit (Ag,Sb), Chilenit (Ag,Bi), Dyskrasit (Antimonsilber) Ag_3Sb, Stützit Ag_4Te, Hessit Ag_2Te, Petzit $(Ag,Au)_2Te$, Empressit AgTe, Muthmannit (Ag,Au)Te, Sylvanit $AuAgTe_4$, Krennerit, Calaverit $(Au,Ag)Te_2$, Silberglanz (Akanthit) Ag_2S, Para-Silberglanz (Argentit) Ag_2S, α-Naumannit Ag_2Se, Argyrodit $4Ag_2S \cdot GeS_2$, Crookesit siehe Selen, Stromeyerit, Eukairit, Jalpait siehe Kupfer, Sternbergit $AgFeS_3$, Friseit $Ag_2Fe_5S_8$, Argyropyrit $Ag_3Fe_7S_{11}$, Argentopyrit $AgFe_2S_5$, Miargyrit $AgSbS_2$, Schapbachit $AgBiS_2$, Smithit (Trechmannit) $Ag_2S \cdot As_2S_3$, Tapalpit $3Ag_2S \cdot Bi_2(S,Te)_3$, Pavonit $Ag_2S \cdot 3Bi_2S_3$, Stephanit $5Ag_2S \cdot Sb_2S_3$, Pearceit (Arsenpolybasit) $8(Ag,Cu)_2S \cdot As_2S_3$,

Polybasit $8(Ag,Cu)_2S \cdot Sb_2S_3$, Proustit (lichtes Rotgüldenerz auch Rotgiltigerz und Rotgültigerz) Ag_3AsS_3, Pyrargyrit (dunkles Rotgüldenerz) Ag_3SbS_3, Ramdohrit $3PbS \cdot Ag_2S \cdot 3Sb_2S_3$, Xanthokon Ag_3AsS_3, Samsonit $2Ag_2S \cdot MnS \cdot Sb_2S_3$, Jodargyrit AgJ, Miersit $4AgJ \cdot CuJ$, Chlorargyrit (Hornsilber) AgCl, Bromargyrit AgBr, Chlorbromsilber (3AgCl,2AgBr), Canfieldit siehe Germanium, Elektrum ist silberhaltiges Gold. In den Bleierzen ist ein geringer Silbergehalt. Er steigt im Bleiglanz, welcher das Hauptsilbererz ist, bis zu 3% und findet sich in den meisten Fahlerzen (Freibergit).

Gold. Goldverbindungen lassen sich, wenn flüchtige Metalloxide vorhanden, auf Kohle reduzieren zu goldgelbem Korn; perlfärbende Metalloxide lösen sich auf Kohle im Borax oder Phosphorsalz auf, so daß wieder ein goldgelbes Korn zurückbleibt, das auf einer Gipsplatte den roten Oxidbeschlag gibt. Bei Gegenwart von Silber muß man, falls sich das Gold nicht an der Farbe erkennen läßt, in Salpetersäure das Silber lösen und den Rückstand im Platinlöffel ausglühen.

Verbindungen: Berg- und Waschgold, Elektrum (Gold mt 20–30% Silber), Petzit $(Au,Ag)_2Te$, Sylvanit (Schrifterz) $(AuAgTe4AuAgTe_4)$, Montbrayit Au_2Te_3, Calaverit $(AuTe_2)$, Nagyagit (Blättertellurerz) $AuTe_2 \cdot 6Pb(S,Te)$, oft mit Sb-Gehalt, Goldamalgam oft mit Pyrit, Kupferkies und andern Schwefel- und Arsenmineralien.

Zink. Die Zinkverbindungen geben in den meisten Fällen den grünlichleuchtenden Zinkoxidbeschlag, der in der Wärme gelb, in der Kälte weiß ist und in unmittelbarer Nähe der Probe sitzt. Mit Kobaltsolution geglüht nimmt der Beschlag eine grasgrüne Farbe an (Kobaltzinkat), wodurch sich ein Gehalt an Zink auch bei Gegenwart von anderen einen Beschlag gebenden Metallen erkennen läßt. Ist der Zinkoxidbeschlag schwer oder überhaupt nicht zu erhalten, so mengt man die Probe mit Soda.

Viele Zinkmineralien enthalten Cadmium, das man leicht findet, wenn man die Probe auf Kohle anbläst. Zuerst bildet sich der S. 30 erwähnte Anlaufbeschlag, dann ein brauner Saum von Cadmiumoxid, und endlich kommt der Zinkoxidbeschlag zum Vorschein.

Verbindungen: Zink Zn, Rotzinkerz (Zinkit) ZnO, Zinkspat, (Galmei, Smithonit) $ZnCO_3$, Zinkblende (Sphalerit) ZnS, Stilleit ZnSe, Christophit (2ZnFe)S, Wurtzit ZnS, Gahnit (Zinkspinell) $ZnAl_2O_4$, Hetärolith (Hetairit) $ZnMn_2O_4$, Franklinit $ZnFeO_4$, Aurichalcit (Messingblüte) $(Zn,Cu)_5[(OH)_3 \mid CO_9]_2$, Hydrozinkit (Zinkblüte) $Zn_5[(OH)_3 \mid CO_3]_2$, Zinkosit $Zn[SO_4]$, Dietrichit $ZnAl_2[SO_4]_2 \cdot 22\,H_{20}$, Bianchit (Zn,Fe) $[SO_4] \cdot 6\,H_2O$ (Zn:Fe = 2:1).

Zinkaluminit $Zn_3Al_3[(OH)_{13} \mid SO_4] \cdot H_2O$, Adamin $Zn_2[OH \mid AsO_4]$, Tarbuttit $Zn_2[OH \mid PO_4]$, Chlorophönizit $(Zn,Mn)_5[(OH)_7 \mid AsO_4]$, Holdenit $(Mn,Zn)_6[(OH)_5O_2 \mid AsO_4]$, Barthit $3\,Zn[AsO_3]_2 \cdot Cu(OH)_2 \cdot H_2O$, Chudobait (Na, K) (Mg, Zn) $2\,H[AsO_4]_2 \cdot 4\,H_2O$, Zinkvitriol (Goslarit) $ZnSO_4 \cdot 7\,H_2O$, Reinerit $Zn[AsO_4]_2$, Scholzit $CaZn_2[PO_4]_2 \cdot 2\,H_2O$, Legrandit $Zn_3[AsO_4]_2 \cdot 2^1/_2 H_2O$, Hopeit $Zn_3[PO_4]_2 \cdot 4\,H_2O$, Köttigit $Zn_3[AsO_4]_2 \cdot 8\,H_2O$, Spencerit $Zn_2[OH \mid PO_4] \cdot 1^1/_2 H_2O$, Willemit $Zn_2[SiO_4]$, Troostit $(Zn,Mn)_2[SiO_4]$, Hemimorphit (Kieselzinkerz, Calamin?) $Zn_4[(OH)_2 \mid Si_2O_7] \cdot H_2O$, Hodgkinsonit (Norbergit) $MnZn_2[(OH)_2 \mid SiO_4]$, Hibbenit $Zn_7[OH \mid (PO_4)_2]_2 \cdot 6\,H_2O$, Hardystonit $Ca_2[ZnSi_2O_7]$. Zink kommt fast in allen Fahlerzen vor.

Descloizit (Hügelit) $Pb(Zn,Cu)[OH \mid VO_4]$, Mottramit mit mehr Kupfer. Klinoedrit $Ca_2Zn_2[(OH)_2 \mid Si_2O_7]. H_2O$, Serpierit Ca $(Zn,Cu)_4[(OH)_3 \mid SO_4]_2 \cdot 3\,H_2O$.

Cadmium. Der auf Kohle leicht zu erhaltende Cadmiumoxidbeschlag ist umsäumt von einem Anlaufbeschlag, der dem eigentlichen Oxidbeschlag vorausgeht. Auf einer weißen Unterlage ist der braune Oxidbeschlag mit weißem Anflug umgeben, welcher durch Silbernitratlösung blauschwarz wird.

Verbindungen: Greenockit (Cadmiumblende) CdS, Hawleyit α-CdS, Cadmoselit CdSe, Otavit (Cadmiumspat) $CdCO_3$, Cadmiumoxid (Monteponit) CdO findet sich oft als Überzug auf Zinkmineralien besonders auf Kieselzinkerz mit gelber Farbe, da Spuren von Cadmium sich in allen Zinkverbindungen finden, besonders im Zinkspat und in der Zinkblende.

Zinn. Der weiße Oxidbeschlag ist nur beim Berühren mit der Flamme gut zu erhalten; er sitzt ganz in der Nähe der Probe; mit Kobaltsolution durchglüht, nimmt er blaugrüne

Färbung an. Oft finden sich geringe Mengen fremder Metalle in den Zinnverbindungen, die jedoch durch die Lötrohranalyse nicht mit Sicherheit nachzuweisen sind.

In Legierungen erkennt man das Vorhandensein von Zinn daran, daß sich die Probe mit Zinnoxid überzieht, welches sich auch beim Berühren oder nach Zusatz von Borax nicht entfernen läßt. Es empfiehlt sich, bei Zinnverbindungen stets mit Soda zu reduzieren und den auf S. 20 angegebenen Schlämmungsprozeß anzuwenden.

Verbindungen: Zinnerz (Kassiterit, Zinnstein, Visiererz) SnO_2, β-Zinn Sn, Herzenbergit SnS, Teallit $PbSnS_2$, Zinnkies (Stannin) Cu_2FeSnS_4, Franckeit $5PbS \cdot 3SnS_2 \cdot Sb_2S_3$, Kylindrit $6PbS \cdot 6SnS_2 \cdot Sb_2S_3$, Colusit $Cu_3(Fe,As,Sn)S_4$ (enthält auch Vanadin und Tellur). Stokesit $CaSn[Si_3O_9] \cdot 2H_2O$, Canfieldit $4Ag_2S \cdot (Sn,Ge)S_2$, Nordenskiöldin $CaSn[BO_4]_2$,

Molybdän. Schwefelmolybdänverbindungen geben die S. 000 angegebenen charakteristischen Beschläge auf Kohle. Ist Molybdän als Säure an ein Metalloxid (z. B. $PbMoO_4$) gebunden, so läßt es sich durch die Perlfärbung nachweisen. Die Flammenfärbung ist zeisiggrün. Ferner kann man Molybdän in seinen Verbindungen nachweisen, wenn man die fein gepulverte Substanz mit konzentrierter Schwefelsäure erhitzt und alsdann Alkohol zusetzt. Beim Erkalten färbt sich die Flüssigkeit lasurblau.

Verbindungen: Molybdänglanz (Molybdänit) MoS_2, Molybdänocker (Molybdit) $FeO \cdot 3Mo_3 \cdot 8H_2O$, selten MoO_3, Ilsemannit $Mo_3O_8 + aq \pm H_2SO_4$, Wulfenit (Gelbbleierz) Pb-$[MoO_4]$, Powellit $Ca[MoO_4]$. Moluranit $H_6[(UO_2)_3|(MO_4)_5] \cdot 9HO$, Koechlinit Bi_2MoO_4, Molybdophyllit $Pb_2Mg_2[(OH)_2$-$|Si_2O_7]$, Irigit $UO_2 \cdot 2MoO_3 \cdot 4H_2O$.

Arsen. Auf Kohle den sehr flüchtigen Beschlag von Arsen-[III]-Oxid weit von der Probe entfernt. Der charakteristische Knoblauchgeruchdes Arsen-[II]-Oxids ist dabei wahrzunehmen. Arsenite geben im offenen Rohr ein Sublimat von Arsen-(III)-Oxid, das leicht flüchtig ist; im geschlossenen Rohr entsteht ein schwarzes glänzendes Sublimat von amorphem Arsen; daneben ist oft graues kristallinisches Arsen wahrzunehmen. Bei Gegenwart von Schwefel entsteht ein in der Kälte gelblichrotes Sublimat. In der Pinzette lassen sich Arsenverbindungen an der fahlblauen Flammenfärbung erkennen, sowie an dem Wegrauchen des Arsen-[III]-Oxids. Man achte stets auf das Rösten von arsenhaltigen Mineralien, bevor man Perlen damit anfertigt!

Verbindungen: Stibarsen AsSb, Realgar AsS, Dimorphin As_4S_3, Auripigment (Opperment, Rauschgelb) As_2S_3, Domeykit Cu_3As, Algodonit Cu_6As, Maucherit, Dienerit, Millerit, Gersdorffit, Rammelsbergit, Nickelin, Chloanthit siehe Nickel, Safflorit, Glaukodot, Glanzkobalt, Speiskobalt (Smaltin), Modderit, Skutterudit, Erythrin, Kobaltin s. Kobalt, Arsenolith As_2O_3, Lorandit $Tl_2S \cdot As_2S_3$, Sperrylith $PtAs_2$, Vrbait $Tl_2S \cdot 2As_2S_3 \cdot Sb_2S_3$, Seligmannit $2PbS \cdot Cu_2S \cdot As_2S_3$, Sartorit (Skleroklas) $PbS \cdot As_2S_3$, Baumhauerit, Liveingit, Rathit, Dufrenoysit, Lengenbachit, Jordanit, Gratonit siehe Blei, Proustit, Xanthokon siehe Silber, Hutchinsonit $(Pb,Tl)S \cdot Ag_2S \cdot 5As_2S_3$, Löllingit (Arsenikalkies) $FeAs_2$, Lautit CuAsS, Arsenkies (Mißpickel, Arsenopyrit) FeAsS, Claudetit As_2O_3, Armangit $Mn_3[AsO_3]_2$, Trigonit $Pb_3MnH[AsO_3]_3$, Trippkeit (Olivenit, Erinit) siehe Kupfer, Luzonit Cu_3AsS_4, Arsenoklasit $Mn_5[(OH)_2|AsO_4]_2$, Flinkit, Allaktit, Synadelphit siehe Mangan, Chlorophönizit, Holdenit siehe Zink, Tilasit $CaMg[F|AsO_4]$, Durangit $NaAl[F|AsO_4]$, Austinit $CaZn[(OH)|AsO_4]$, Higginsit $CaCu[OH|AsO_4]$, Bayldonit $(Pb,Cu)Cu[OH|AsO_4]$, Arseniosiderit $Ca_3Fe_4[OH|AsO_4] \cdot 4H_2O$, Dussertit siehe Barium, Svabit $Ca_5[F|AsO_4]_3$, Mimetesit $Pb_5[Cl|(AsO_4)_3]$, Pharmakolith $CaH[AsO_4] \cdot 2H_2O$, Leukochalcit, Enargit siehe Kupfer, Atelestit siehe Wismut, Georgiadesit $Pb_3[Cl_3|AsO_4]$, Sahlinit siehe Blei, Legrandit siehe Zink, Zeunerit, Trögerit, Uranospinit. Schröckingerit siehe Uran, Barthit $3Zn(AsO_3)_2 \cdot Cu(OH)_2 \cdot H_2O$, Annabergit siehe Nickelblüte, Skorodit, Pharmakosiderit siehe Eisen. Vrbait siehe Thallium, Adamin, Köttigit siehe Zink, Arsen kommt in vielen Hüttenprodukten vor.

Antimon. Antimonverbindungen geben auf Kohle leicht den flüchtigen Sb_2O_3-beschlag und färben die Flamme fahlgrün. Im offenen Rohr bilden sich weiße Dämpfe von flüchtigem Sb_2O_3, vor der Probe erhalten wir jedoch ein nicht flüchtiges, dickes, gelbliches Sublimat von Sb_3O_5. Im geschlossenen Rohr geben antimonreiche Antimonverbindungen ein weißes Sublimat von Sb_2O_3, das in Gegenwart von Schwefel kirschrot wird.

Ist in der Substanz neben Antimon Blei vorhanden, so entsteht ziemlich nahe der Probe ein eidottergelber Beschlag von antimonsaurem Bleioxid, in der Ferne ein weißer Antimonoxidbeschlag. In Lösung mit Caesiumchlorid dünne sechsseitige Kristalle von $SbCl_3 \cdot 3CsCl_2$.

Verbindungen: Stibarsen AsSb, Horsfordit Cu_6Sb, Animikit (Ag,Sb), Breithauptit NiSb, Dyskrasit Ag_3Sb, Stibiopalladinit Pd_3Sb, Famatinit Cu_3SbS_4, Stibioluzonit Cu_3SbS_4, Miargyrit $AgSbS_2$, Antimonnickel NiSb, Kermesit (Rotspießglanz) Sb_2S_2O, Wolfsbergit (Chalkostibit) $Cu_2S \cdot Sb_2S_3$, Tetraedit (Fahlerz) Cu_3SbS_{3-4}, Bolivian Ag_2S, $6Sb_2S_3$, Vrbait siehe Thallium, Livingstonit $HgS \cdot 2Sb_2S_3$, Berthierit $FeS \cdot Sb_2S_3$, Bournonit $2Pb \cdot Cu_2S \cdot Sb_2S_3$, Andorit $2Pb \cdot Ag_2S \cdot 3Sb_2S_3$, Ramdohrit $3PbS \cdot Ag_2S \cdot 3Sb_2S_3$, Freieslebenit, Owyheeit siehe Silber, Franckeit, Kylindrit siehe Zinn, Füloppit $2PbS \cdot Sb_2S_3$, Zinckenit $PbS \cdot Sb_2S_3$, Plagionit $5PbS \cdot 4Sb_2S_3$, Heteromorphit $11Pb \cdot 6Sb_2S_3$, Jamesonit $4PbS \cdot FeS \cdot 3Sb_2S_3$, Semseyit $9PbS \cdot 4Sb_2S_3$, Boulangerit, Falkmannit, Meneghinit, Geokronit siehe Blei, Pyrargyrit (dunkles Rotgülden) Ag_3SbS_3, Pyrostilpnit (Feuerblende) Ag_3SbS_3, Samsonit $2Ag_2S \cdot MnS \cdot Sb_2S_3$, Willyamit, Kallilith siehe Nickel, Gudmundit FeSbS, Metastibnit, Antimonglanz (Grauspießglanz) Sb_2S_3, Senarmontit Sb_2O_3, Valentinit (Antimonblüte) Sb_2O_3, Mauzeliit $Ca_2Sb_2O_6O$, Schneebergit (Romeit, Lewisit) $(Ca,Na)_2Sb_2O_3(F,OH,O)$, Antimonocker Sb_2O_4, Hydroromeit $Ca_2Sb_2O_6O$, Stibioconit Sb_2O_6OH, Bindheimit (Monimolit) $Pb_2Sb_2(O,OH,H_2O)_6$, Schafarzikit $5FeO$, $2Sb_2O_3$, Derbylith $6FeO \cdot 5TiO_2 \cdot Sb_2O_5$, Hämatostibiit $8(Mn,Fe)O \cdot Sb_2O_5$, Yeatmanit $(Mn,Zn)_{16}Sb_2[O_{13}|(SiO_4)_4]$, Melanostibian (Manganostibiit) $6(Mn,Fe)O \cdot Sb_2O_3$, Tripuhyit $Fe_2Sb_2O_7$(?), Volgerit $Sb_2O_5 \cdot 4H_2O$(?), Flajolotit $FeSbO_4 \cdot {}^3/_4H_2O$(?), Reinerit, Chudobait siehe Zink und einige sehr ungenau bekannte komplexe Sb-Oxide, Stibiane genannt.

Selen. Auf Kohle entweichen braune Dämpfe von seleniger Säure, die den charakteristischen Geruch nach verdorbenen

Rettichen verbreiten. Der Beschlag ist stahlgrau, von kristallinem Selen; oft ist er mit einem roten Saum von amorphem Selen umgeben. Im offenen Rohr (S. 18) entsteht ein Sublimat von rotem amorphem Selen und ebenfalls der Geruch. Die Färbung der Flamme ist blau. Mit Thioharnstoff in salzsaurer Lösung ziegelrote Ausfällung.

Verbindungen: γ-Selen, Selenblei (Clausthalit) (PbSe), Hastit CoS_2 Selenkobaltblei $CoSe_2$+PbSe), Selenquecksilberblei (HgSe+PbSe), Klockmannit CuSe, Eukairit Cu_2Se,Ag_2Se, Berzelianit Cu_2Se, Naumannit Ag_2Se (α- und β-), Achavalit FeSe, Crookesit $Cu_{15}Tl_2AgSe_9$, Tiemannit HgSe, Onofrit Hg(S,Se), Guadalcazarit (Hg,Zn)(S,Se), Eskebornit (Ferroselit) $FeSe_2$, Platynit $PbBi_2SSe$(?), Guanajuatit $Bi_2(Se,S)_3$, Selenolith SeO_2(?), Stilleit ZnSe, Trogtalit CoSe, Freboldit γ-CoSe, Blockit (Penroseit) $(Ni,Cu,Co)Se_2$, Chalkomenit $Cu[SeO_3] \cdot 2H_2O$, Villamaninit $(Cu,Ni,Co,Fe)(S,Se)_2$, Ahlfeldit $Ni[SeO_3] \cdot 2H_2O$, Kerstenit $PbSeO_4$, Bornhardit Co_3Se_4. Wittit ist ein Se-haltiger Hammarit (siehe (Wismut).

Tellur. Auf Kohle geben Tellurverbindungen den weißen Beschlag von Tellur[II]-oxid, der in der Reduktionsflamme mit grünem Schein verschwindet. Im offenen Rohr entwickelt sich ein Rauch von Tellur[II]-oxid, der sublimiert und bei starkem Erhitzen zu Tröpfchen schmilzt. Mit konzentrierter Schwefelsäure erhitzt, geben die Telluride eine purpurrote Farbe von Tellurschwefel[III]-oxid ($TeSO_3$) herrührend. Die Färbung verschwindet jedoch bald, besonders wenn viel Schwefel vorhanden ist.

Bei Gegenwart von Blei und Wismut setzt man auf Kohle zu der gepulverten Substanz Boraxglas zu, welches, mit der Reduktionsflamme behandelt, das Blei und Wismutoxid auflöst, so daß der weiße Beschlag von Tellur(II)-oxid deutlich zum Vorschein kommen kann.

Verbindungen: Tellur Te, Tellurit (Te-Ocker TeO_2, Weissit Cu_5Te_3, Rickardit Cu_4Te_3, Melonit $Ni \cdot Te_2$, Hessit Ag_2Te, Stützit Ag_4Te, Empressit AgTe, Muthmannit (Ag,Au)Te, Petzit $(Ag,Au)_2Te$, Montbrayit Au_2Te_3, Sylvanit $AuAgTe_4$, Krennerit (Calaverit) $(Au,Ag)T_2e$, Nagyagit $AuTe_2 \cdot 6Pb(S,Te)$ Niggliit $PtTe_3$, Tetradymit Bi_2Te_2S, Tellurbismutit Bi_2Te_3,

Joseit $Bi_4(Te,S)_3$(?), Emmonsit $Fe_2[TeO]_3 \cdot 2H_2O$, Mackayit $Fe_2[TeO_3]_3 \cdot xH_2O$, Ferrotellurit $Fe[TeO_4]$(?), Magnolit $Hg_2[TeO_4]$(?), Montanit $Bi_2[(OH)_4|TeO_4]$, Hedleyit Bi_2Te_3, Teineit $Cu[(Te,S)O_4] \cdot 2H_2O$, Tellurquecksilber (Coloradoit) HgTe, Altait (Tellurblei) PbTe, Magnolit $Hg_2[TeO_4]$, Frohbergit $FeTe_2$.

5. Nachweis der übrigen Substanzen

Schwefel. a) Als Sulfid. In Verbindung mit Metallen geben die auf hoher Schwefelungsstufe (z. B. FeS_2) stehenden Substanzen im geschlossenen Rohr ein Sublimat von gelbem Schwefel. Ist noch Arsen vorhanden, so entsteht ein gelblichrotes, bei Gegenwart von Quecksilber ein schwarzes Sublimat von Schwefelarsen bzw. Schwefelquecksilber. Im offenen Rohr bringt ein geringer Schwefelgehalt den Geruch nach schwefeliger Säure hervor. Letztere rötet das angefeuchtete blaue Lackmuspapier, das sich am oberen Ende der Röhre befindet. Um weiter auf Metalloxide zu prüfen, die Perlfärbungen geben, röste man stets zuerst, bis der Schwefel als SO_2 entfernt ist.

b) Als Sulfat. Nachweis durch die Heparreaktion nach S. 00. Mit Bariumchlorid durchtränktes Filterpapier in Rhodizonat-Lösung getaucht wird feuerrot. Darauf Pulver oder eine Fläche eines Sulfates gebracht, entfärbt das Filter weiß.

Verbindungen: α- und β-Schwefel S, Pyrit FeS_2, Laurit RuS_2 Bleiglanz (PbS), Boulangerit (S. 68), Bournonit (S. 68), Wismutglanz (Bi_2S_3), Silberglanz Ag_2S), Cooperit PtS, Zinkblende (ZnS), Wurtzit-ZnS, Greenockit β-CdS, Kupferglanz (Cu_2S), Covellin (Kupferindig) (CuS), Stephanit (S. 70), Pyrargyrit (S. 75), Proustit (S. 00), Zinnkies (Cu_2FeSnS_4), Kupferkies ($CuFeS_2$), Buntkupferkies(Cu_3FeS_3), Kupferglanz (Cu_2S), Enargit (Cu_3AsS_4), Auripigment (As_2S_3), Realgar (AsS), Antimonglanz (Sb_2S_3), Schwefelkies (Pyrit) und Markasit (FeS_2), Kobaltnickelpyrit [(Co, Ni, Fe)S_2], Magnetkies (Fe_6S_7), Arsenkies (FeSAs), Glanzkobalt (CoAsS), Millerit (NiS), Vaesit NiS_2, Gersdorffit (Graunickelkies) NiAsS), Ullmannit (NiSbS), Manganblende (Alabandin) (MnS), Hauerit (MnS_2), Linneit (Co_3S_4) und in den Fahlerzen, sowie in vielen anderen Sulfosalzen, die unter Blei, Kupfer, Zink, Wismut, Arsen, Antimon Silber genannt sind. Schwerspat (Baryt) ($BaSO_4$), Cölestin($SrSO_4$), Anhydrit ($CaSO_4$), Gips ($CaSO_4 + 2H_2O$), Bittersalz ($MgSO_4 + 7H_2O$), Polyhalit, (S.48), Melanterit (Eisenvitriol) ($FeSO_4 + 7H_2O$). Nickelvitriol ($NiSO_4 + 7H_2O$), Kobaltvitriol ($CoSO_4 + 7H_2O$), Zinkvitriol ($ZnSO_4 + 7H_2O$), Kupfervitriol ($CuSO_4 + 5H_2O$) und in vielen anderen Sulfaten.

Quecksilber. Quecksilberverbindungen, besonders Amalgame, sublimieren in der offenen Röhre metallische Kügelchen. Im geschlossenen Rohr erhält man nach Zusatz von Soda oder besser von Kaliumbisulfat ebenfalls metallisches Quecksilber. Ist solches nur spurweise vorhanden, so prüfe man mit Blattgold, das um das Ende eines Stäbchens, welches man beim Erhitzen in das Rohr hineinhält, gewickelt ist. Es wird weiß (Goldamalgam).

Verbindungen: Hg ist oberhalb $-38{,}9$ flüssig. Kongsbergit (α-Silberamalgam) α-(Ag,Hg), (Moschel)-Landsbergit γ-(Ag, Hg), Goldamalgam AuHg, Zinnober (Cinnabarit) HgS, Metacinnabarit HgS, Guadalcazarit (H,Zn)(S,Se), Onofrit Hg(S,Se), Tiemannit HgSe, Coloradoit HgTe, Livingstonit $HgS \cdot 2Sb_2S_3$, Magnolit $Hg_2[TeO_4]$, Kalomel (Hornquecksilber) α-Hg_2Cl_2 rot, β-gelb, Jodquecksilber Hg_2J_2, Quecksilberfahlerz (Hermesit) (Schwatzit) ist Hg-haltiger Tetraedrit, Terlinguait $HgCl \cdot HgO$, Eglestonit Hg_6Cl_4O, Kleinit $[Hg_2N](Cl \cdot SO_4) \cdot x\,H_2O$, Mosesit $[Hg_2N]Cl, H_2O$, Montroydit HgO, Idrialith (Lebererz) ist ein Gemenge von Idrialin, Ton und Zinnober.

Silicium. Silikate lassen sich durch Phosphorsalz und Soda erkennen. In der Phosphorsalzperle lösen sich die Basen auf; die Kieselsäure bleibt ungelöst als sogenanntes Kieselskelett zurück. Die zu prüfende Substanz löst man besser in Gestalt kleiner Splitter auf, da manche Silikate sich pulverförmig im Phosphorsalz vollständig auflösen.

Von Soda werden die Silikate auf Kohle größtenteils aufgelöst. Reine Kieselsäure schmilzt mit Soda im richtigen Verhältnis gemengt zu einem wasserhellen Glas. Mikrochemisch weist man auf folgende Art die Kieselsäure nach: Das Mineralpulver wird in einem kleinen Platintiegel mit Flußsäure zersetzt; die Innenseite des Platindeckels befeuchtet man mit einem Tropfen Wasser, an dem sich ein winziges Körnchen Kaliumkarbonat befindet; es bilden sich kleine Würfel von Siliciumkaliumfluorid.

Vorkommen: Quarz SiO_2, Hochquarz (β-Quarz), Tridymit SiO_2, Hochtridymit (β-Tridymit), Cristobalit SiO_2, Hochcristobalit (β-Cristobalit), Lechatelierit SiO_2 (glasartig amorph), Opal $SiO_2 + aq$ (amorph). Varietäten des Quarz: Bergkristall (wasserklar), Rauchquarz (braungrau), Morion (tiefbraun bis schwarz), Citrin (gelb), Amethyst (violett), Rosenquarz (rosarot), Milchquarz (milchtrüb), Stinkquarz (bitumenhaltig), Scepterquarz, Glanzquarz, Blauquarz (mit feinen Rutilnädelchen), Eisenkiesel (mit Eisenoxiden), Tigerauge (goldgelb mit Krokydolith), Prasem (grün), Katzenauge (mit Asbest), Aventurinquarz (mit goldgelben oder grünen Glimmerblättchen), Kappen- und Sternquarz, Chalcedon (mikrokristallin). Achat (schichtenartiger Aufbau), Carneol (rot), Chrysopras (apfelgrün), Onyx (schwarz), Kugel- und Bandjaspis, Heliotrop (grün mit roten Flecken), Enhydros (teilweise mit H_2O-Einschlüssen). Abarten von Opal: Hyalit (wasserklar), Feueropal (leuchtendgelb bis ziegelrot), Milchopal, Hydrophan, Prasopal (durch Ni apfelgrün), Kascholong (emailartig weiß), Feuerstein oder Flint, Hornstein (teilweise Chalceden), organogene Bildungen sind Kieselgur, Diatomit; Menilit, Tripel. Silikate: Forsterit $Mg_2[SiO_4]$, Olivin (Peridot) $(Mg,Fe)[SiO_4]$, Tephroit $Mn_2[SiO_4]$, Monticellit $CaMg[SiO_4]$, Phenakit $Be[SiO_4]$, Willemit $Zn_2[SiO_4]$, Andalusit $Al_2[O \mid SiO_4]$, Disthen (Cyanit) $Al_2[O \mid SiO_4]$, Topas $Al_2[F_2 \mid SiO_4]$, Granaten: Almandin $Fe_3Al_2[SiO_4]_3$, Pyrop Fe durch Mg, Spessartin durch Mn, Grossular (Andradit) und Melanit, Zirkon $Zr[SiO]_4$, Thorit $Th[SiO_4]$, Eulytin $Bi_4[SiO_4]_3$, Titanit $CaTi[O \mid SiO_4]$, Rhodonit (Bustamit) $(Mn,Fe,Ca)[SiO_3]$, Wollastonit $Ca_3[Si_3,O_9]$, Benitoit $BaTi[Si_3O_9]$, Beryll $Al_2Be_3[Si_6O_{18}]$, siehe auch Beryllium, Sillimanit $Al[AlSiO_5]$, Diopsid $CaMg[Si_2O_6]$, Bronzit $(Mg,Fe)_2[Si_2O_6]$, Meerschaum (Sepiolith) $Mg_3](H_2O)_3 \mid Si_4O_{11}]$, Talk $Mg_3[(OH)_2 \mid Si_4O_{10}]$, Muskowit (Kaliglimmer) $KAl_2[(OHF) \cdot H_2O \mid AlSi_3O_{10}]$, Phlogopit $KMg_3[(F,OH)_2 \mid AlSi_3O_{10}]$, Biotit $K(Mg,Fe,Mn_2[(OH,F)_2 \mid AlSi_3O_{10}]$, Kaolinit $Al_4[(OH)_8 \mid Si_4O_{10}]$, Petalit $(Li,Na)[AlSi_4O_{10}]$, Leuzit β-$K[AlSi_2O_6]$, Orthoklas

(Kalifeldspat, Adular, Sanidin) $K[AlSi_3O_8]$, Celsian (Bariumfeldspat) $Ba[Al_2Si_2O_8]$, Anorthit (Kalkfeldspat) $Ca[Al_2Si_2O_8]$-Albit $Na[AlSi_3O_8]$, Danburit $Ca[B_2Si_2O_8]$, Datolith (Botryolith) $Ca[OH|BSiO_4]$, Natrolith $Na_2[Al_2Si_3O_{10}] \cdot 2\,H_2O$, Phillipsit $(Ca,K_2)_{2-3}[Al_5(Al,Si)Si_9O_{30}] \cdot 10\,H_2O$, Malladrit, Hieratit, Kryptohalit siehe Fluor, Thalenit $Y_2[Si_2O_7]$.

Kohlenstoff. Organische Substanzen entwickeln im Glaskölbchen einen brenzlichen Geruch und Gase.

Kohlensäure weist man in Karbonaten nach, indem man eine kleine Menge der Substanz im Glaskölbchen mit verdünnter Salzsäure übergießt. Es findet Gasentwicklung unter Aufbrausen statt. Meist dekrepitieren die Karbonate schon beim Erhitzen. Mellit (Honigstein) $Al_2[C_{12}H_{12}] \cdot 18\,H_2O$ verkohlt vor dem Lötrohr und hinterläßt reine Tonerde.

Natürliches Vorkommen: jedoch meist mit anderen Substanzen (Wasserstoff, Wasser): Diamant, Bort, Graphit, Anthrazit, Steinkohle, Braunkohle; *organische Verbindungen*: Asphalt (Erdpech, Bergpech) ($C_{14}H_{18}O$), Ozokerit (Erdwachs, z. T. Paraffin), Bernstein (Succinit) ($C_{10}\,H_{16}O$), in bernsteinähnlichen Harzen Retinit als Sammelname), Petroleum (Erdöl) (C_nH_{2n+2}),Könleinit (C_5H_4), Scheererit (CH_4), Hartit (C_3H_5), Mellit (Honigstein) $Al_2[C_{12}O_{12}] \cdot 18\,H_2O$, Whewellit $Ca[C_2O_4] \cdot H_2O$, Humboldtin (Oxalit) $Fe[C_2O_4] \cdot 2\,H_2O$. Idrialin $C_{80}H_{56}O_2$ (mit Zinnober und Ton Idrialith).

Karbonate: Soda ($Na_2CO_3 + 10\,H_2O$), Witherit ($BaCO_3$), Strontianit ($SrCO_3$), Calcit und Aragonit ($CaCO_3$), Cerussit ($PbCO_3$), Magnesit ($MgCO_3$), Siderit ($FeCO_3$), Manganspat ($MnCO_3$), Dolomit $CaMg(CO_3)_2$ und in vielen meist isomorphen Carbonaten, Kobaltspat ($CoCO_3$), Zinkspat ($ZnCO_3$), Wismutspat (Bismutit $Bi_2[O_2|CO_3]$, Malachit $Cu_2[(OH)_2|CO_3]$, Azurit $Cu_3[OH|CO_3]_2$.

Stickstoff und Ammoniak. Stickstoff kommt in den Nitraten an Sauerstoff gebunden vor. Im Kölbchen werden die Nitrate beim Erhitzen mehr oder weniger zerlegt und entwickeln nitrose Dämpfe. Mit Kaliumbisulfat im Kölbchen geschmolzen, entwickeln sie sofort die braunroten nitrosen Dämpfe, die den charakteristischen Geruch nach salpetriger Säure haben. Auf Kohle verpuffen die Nitrate. An Wasserstoff gebunden ist in den Mineralien Ammonium (NH_4) enthalten. Mit Soda im Glaskölbchen erhitzt, entweicht Ammoniak, erkenntlich am Geruch und Blaufärben roten Lackmuspapiers.

Verbindungen: Kalisalpeter (Nitrokalit) KNO_3, Natronsalpeter (Nitronatrit) $NaNO_3$, Nitrocalcit (Kalksalpeter) $Ca[NO_3] \cdot 4H_2O$, Salmiak NH_4Cl, Bromammonium NH_4Br, Jodammonium NH_4J Nitromagnesit (Magnesiasalpeter) $Mg[NO_3]_2 \cdot 2H_2O$ (nur in Gemenge oder Mischung mit Salmiak), Ammonsalpeter (Nitrammit) NH_4NO_3, Barytsalpeter (Nitrobaryt) $Ba[NO_3]_2$, Gerhardtit $Cu_2[(OH)_3|NO_3]$, Buttgenbachit $Cu_9[Cl_2|(OH)_{15}|NO_3] \cdot 2H_2O$, Darapskit $Na_3[SO_4|NO_3] \cdot H_2O$, Lecontit $(NH_4)Na[SO_4] \cdot 2H_2O$, Ammonalaun (Tschermigit) $NH_4Al[SO_4]_2 \cdot 12H_2O$, Struvit $NH_4Mg[PO_4] \cdot 6H_2O$, Arsenstruvit $NH_4Mg[AsO_4] \cdot 6H_2O$, Hannayit $(NH_4)_2Mg_3H_4[PO_4]_4 \cdot 8H_2O$, Schertelit $(NH_4)_2MgH_2[PO_4]_2 \cdot 4H_2O$, Stercorit $(NH_4)NaH[PO_4] \cdot 8H_2O$, Mascagnit $(NH_4)_2[SO_4]$, Taylorit $(K,NH_4)_2$ $NaH[QO_4] \cdot 8H_2O$, Lecontit $(NH_4)Na[SO_4] \cdot 2H_2O$, Koktait $(NH_4)_2Ca[SO_4]_2 \cdot H_2O$, Ammoniojarosit $NH_4Fe_3[(OH)_6|(SO_4)_2]$, Boussingaultit $(NH_4)Mg[SO_4]_2 \cdot 6H_2O$, Oxammit $(NH_4)_2[CaO_4] \cdot 2H_2O$, Julienit $Na_2Co[CSN]_4 \cdot 8H_2O$.

Chlor. Die Chloride sind am Draht und auf Kohle mehr oder minder flüchtig und werden nur teilweise auf Kohle zu Metall reduziert. Chlor weist man in seinen Verbindungen nach, indem man viel Kupferoxid in einer Phosphorsalzperle auflöst, diese in die Substanz eintaucht und alsdann mit der blauen Flamme berührt. Die azurblaue Färbung von Chlorkupfer wird längere Zeit (bis die Kupferchloride verdampft sind) zu erkennen sein. Die auftretende grüne Färbung rührt vom Kupfer her. Auch auf Kohle kann man die Prüfung vornehmen, wenn man Kupferoxid und pulverige Substanz mengt, mit Wasser anfeuchtet und mit der blauen Flamme berührt.

Mit Kaliumbisulfat im Kölbchen geschmolzen, entwickeln Chloride farblose Nebel von Chlorwasserstoff. Ein charakteristischer Chlorgeruch ist dabei wahrzunehmen. Mit Manganoxiden und Schwefelsäure entwickeln einfache, Doppel- und Oxichloride Chlorgas.

Verbindungen: Sylvin KCl, Steinsalz (Natrit) NaCl, Salmiak NH_4Cl, Nantokit CuCl, Chlorargyrit (Hornsilber) AgCl, Kalomel α-Hg_2Cl_2 rot, β-gelb, Hydrophilit $CaCl_2$, Chloromagnesit $MgCl_2$, Lawreneit $FeCl_2$, Scacchit $MnCl_2$, Matlockit PbFCl, Cotunnit $PbCl_2$, Molysit $FeCl_3$, Aluminiumchlorid $AlCl_3$, Kainit $KMg[Cl|SO_4] \cdot 3H_2O$, Phosgenit $Pb_2[Cl_2|CO_3]$, Hydrohalit $NaCl \cdot 2H_2O$, Antofagastit $CuCl_2 \cdot 2H_2O$, Bischofit $MgCl_2 \cdot 6H_2O$, Mitscherlichit $K_2[CuCl_4] \cdot 2H_2O$, Douglasit $K_2[FeCl_4] \cdot 2H_2O$, Erythrosiderit $K_2[FeCl_5H_2O]$, Carnallit $MgCl_2 \cdot KCl \cdot 6H_2O$, Tachyhydrit $2MgCl_2 \cdot CaCl_2 \cdot 12H_2O$, Melanothallit Cu $Cl_2 \cdot Cu(OH)_2$, Atakamit $CuCl_2 \cdot 3Cu(OH)_2$, Talingit $CuCl_2 \cdot 4Cu (OH)_2 \cdot 4H_2O$, Kempit $MnCl_2 \cdot 3MnO_2 \cdot 3H_2O$, Koenenit $2MgCl_2 \cdot 3Mg(OH)_2 \cdot 2Al(OH)_3 \cdot 2H_2O$, Zirklerit $9FeCl_2 \cdot 2Al_2 O_3 \cdot 3H_2O$, Terlinguait HgCl,HgO, Eglestonit Hg_6Cl_4O, Kleinit $[Hg_4N](ClSO_4) \cdot H_2O$, Boleit $5PbCl_2 \cdot 4Cu(OH)_2 \cdot AgCl \cdot 1^1/_2 H_2O$, Cumengit mit $5Cu(OH)_2$, Hämatophanit $4PbO \cdot Pb(Cl,OH)_2 \cdot 2Fe_2O_3$, Mendipit $PbCl_2 \cdot 2PbO$, Lorettoit $PbCl_2 \cdot 6PbO$, Penfieldit Pb_2OHCl_3, Fiedlerit $Pb_3(OH)_2Cl_4$, Laurionit PbOHCl, Nadorit $PbSbO_2Cl$, Bismoclit BiOCl, Bandylith $Cu[Cl|BO_2] \cdot 2H_2O$, Teepleit $Na_2[Cl|BO_2] \cdot 2H_2O$, Hilgardit (Para-H.) $Ca_8[Cl_4|(B_6O_{11})_3] \cdot 4H_2O$, Arzrunit $Pb_2Cu_4[O_2Cl_6|SO_4] \cdot 4H_2O$, Apatit $Ca_5[Cl|(PO_4)_3]$, Pyromorphit (Grünbleierz) $Pb_5[Cl|(PO_4)_3]$, Mimetesit $Pb_5[Cl|(AsO_4)_3]$, Vanadinit $Pb_5[Cl|VO_4)_3]$, Georgiadesit $Pb_3[Cl_3|AsO_4]$, Sahlinit $Pb_{14}[Cl_4O_9|(AsO_4)_2]$, Schwartzembergit $Pb_5[Cl_3O_3|JO_3]$.

Fluor. Flußsäure weisen wir in der offenen Röhre nach, indem man die gepulverte Substanz mit Kaliumbisulfat oder besser mit geschmolzenem Phosphorsalz mengt, an das eine Ende der Röhre bringt und mit der blauen Flamme direkt daraufbläst. In das obere Ende der Röhre stecke man angefeuchtetes Fernambukpapier. Die Glasröhre wird durch die sich entwickelnde Flußsäure geätzt, das Fernambukpapier strohgelb gefärbt. Das Phosphorsalz bereitet man sich auf Kohle vor, indem man es entwässert, zur Perle schmilzt und im Achatmörser pulverisiert. Manche Fluoride, wie Kryolith, entwickeln schon ohne ein Reagenz in fein gepulvertem Zustande Flußsäure. Durch Einwirken einer Zirkon-Alizarinlösung auf unlösliche, fluorhaltige, pulverisierte Mineralien entsteht nach einer Minute eine gelbe Farbe durch freigewordenes Alizarin.

Verbindungen: Flußspat (Fluorit) CaF_2, Yttrofluorit (Yttrocaleit) $(Ca,Y)F_{2-3}$, Tysonit (Fluocerit) (Ce, La) F_3, Villiaumit NaF, Carobbiit KF, Sellait MgF_2, Matlockit PbFCl, Ferruccit $Na[BF_4]$, Avogadrit $K[BF_4]$, Kryolithionit $Na_3Al_2[LiF_4]_3$, Malladrit $Na_2[SiF_6]$, Hieratit $K_2[Si \cdot F_6]$, Kryptohalit $(NH_4)_2[SiF_6]$, Kryolith $Na_3[AlF_6]$, Elpasolith $K_2Na[AlF_6]$, Chiolith $3Na[AlF_4] \cdot 2NaF$, Jarlit $3AlF_3 \cdot 3SrF_2 \cdot NaF$, Weberit $AlF_3 \cdot MgF_2 \cdot 2NaF$, Thomsenolith (Pachnolith) $NaCa[AlF_6] \cdot H_2O$, Koppit $CaNaNb_2O_6(F,OH,O)$, Nocerin $Mg_3[F_3|BO_3]$, Fluellit $AlF_3 \cdot H_2O$, Ralstonit $[(Na+Mg)Al_5]^1/_3(F,OH)_6 \cdot H_2O$, Prosopit $Ca[Al(F,OH_4]_2$, Sulfohalit $Na_6[F,Cl|(SO_4)_2]$, Schairerit $Na_3[(F,Cl)|SO_4]$, Creedit $Ca_3Al[(F,OH)_{10}|SO_4] \cdot 2H_2O$, Wagnerit $Mg_2[F|PO_4]$, Tripolit $(Fe, Mn)_2[F|PO_4]$. Herderit siehe Beryllium, Amblygonit siehe Lithium, Durangit $NaAl[F|AsO_4]$, Tilasit $CaMg[F,AsO_4]$, Svabit $Ca_6[F|(AsO_4)_3]$ Norbergit $Mg_3[(OH,F)_2|SiO_4]$, Chondrodit $Mg_3[(OH,F)_2|(SiO_4)_2]$, Humit (Klinohumit) $Mg_7[(OH,F)_2|(SiO_4)_2]_3$, Nocerin $Mg_3[F_3|BO_3]$ mit Ur_3O_8 Gehalt, Fluoborit $Mg_3[(F, OH)_3|BO_3]$ Topas $Al_2[F_2|SiO_4]$, Wöhlerit, Lavenit siehe Zirkon, Rinkit, Johnstrupit siehe Cer, Cuspidin $Ca_4[(F,OH)_2|Si_2O_7]$, Apophyllit $KCa_4[F|(Si_4O_{10})_2\ 8H_2O$, Muskowit, Phlogopit, Biotit siehe Silicium, Kalium, Lepidolith, Zinnwaldit siehe Lithium.

Brom. Die Substanz im Kölbchen mit Kaliumbisulfat geschmolzen gibt rotgelbe Dämpfe von Brom ab (man schaue der Länge nach in das Kölbchen), die den stechenden Bromgeruch von sich geben. Die Flammenfärbung mit Kupferoxid ist azurblau wie bei Chlorkupfer.

Verbindungen: Bromargyrit (Bromsilber) AgBr, Bromammonium NH_4Br, Bromchlorargyrit (Embolit) Ag(Cl,Br), Jodobromit (Jodobromargyrit) AgJ · 2AgBr, Jodbromchlorsilber Ag(Cl,Br,J).

Jod. Mit Kaliumbisulfat im Kölbchen geschmolzen geben die Jodverbindungen violette Dämpfe von Jod, die ein mit Stärkekleister bestrichenes Papier bläuen. Ein braunes Sublimant bildet sich im Kölbchen. Mit Schwefelwismut erhält man auf Kohle den scharlachroten Beschlag von Jodwismut. Auf Bleiacetat-Papier gibt das gelöste Mineral hellgelbe Färbung.

Verbindungen: Marshit CuJ, Miersit AgJ, Jodargyrit (Jodyrit) AgJ, Jodammonium NH_4J, Jodquecksilber HgJ, Jodobromit $Ag(Cl,Br,J)$, Cuprojodargyrit AgJ,CuJ, Bellingerit $Cu[JO_3]_6 \cdot 2H_2O$, Salesit $Cu[JO_3OH]$, Schwartzembergit siehe Chlor, Lautarit $Ca[JO_3]_2$, Dietzeit $Ca_2[CrO_4|(JO_3)_2]$.

Beryllium. Berylliumoxid, auch Glucinium genannt, ist unschmelzbar. Die beryllhaltigen Mineralien werden mit Borax aufgeschlossen, die neutrale oder mit Essigsäure angesäuerte Lösung wird mit Kaliumoxalat versetzt und auf einem Objektglas unter dem Mikroskop beobachtet. Die monoklinen Kristalle von Kalium-Berylliumoxalat sind nach Art der Gipszwillinge verwachsen; die Doppelbrechung ist stark und negativ (Fig. 12). Der von Kramer vorgeschlagene Mikronachweis ist unbrauchbar, da sich nur schwer lösliche Ammoniumpolymolybdate bilden.

Fig. 12
Zwillingskristalle von Kalium-Berylliumoxalat

Verbindungen: Bromellit BeO, Chrysoberyll (Alexandrit) $Al_2[BeO_4]$, Swedenborgit $NaSbBe_4O_7$, Taaffeit Al_4MgBeO_8, Herderit $CaBe[(OH,F)|PO_4]$, Phenakit $Be_2[SiO_4]$, Barylith $BaBe_2[Si_2O_7]$, Beryll (Smaragd, Aquamarin, Morganit, Heliodor) $Al_2Be_3[Si_6O_{18}]$, Bertrandit $Be_4[(OH)_2|SiO_4|SiO_3]$, Bavenit $Ca_4Al_2BeH_2[Si_9O_{27}]$, Trimerit $CaMn_2[BeSiO_4]_3$, Euklas $Al[BeSiO_4OH]$, Eudidymit (Epididymit) $Na[BeSi_3O_7OH]$, Leukophan $[(Ca,NaH)_2[BeSi_2O_6(OH,F)]$, Hambergit $Be_2[OOH|BO_2]$, Milarit $Ca_2K[(Be,Al)Si_4O_{10}]_3$, Gadolinit $Y,Fe[O|BeSiO_4]_2$, Rhodizit $KAlSi_4Al_4[Be_3B_{10}O_{27}]$, Kolbeckit $(Al,Ca,Fe)Be_2[(P,Si)O_4]_2$, Herderit (Glucinit) $CaBe[(F,OH)|PO_4]$, Hubbutit $CaBe_2[PO_4]_2$.

Germanium. Zum Nachweis geringer Mengen Germanium in Mineralien dient die Marshprobe, wodurch ein sehr charakteristischer Spiegel von elementarem Germanium erhalten wird. In dichteren Schichten zeigt der Spiegel intensiven Metallglanz wie eine kupferrote Goldlegierung, im durchfallenden Licht rotviolett. Bei Gegenwart von geringen Mengen entsteht ein Spiegel von fast weißer Farbe mit bräunlichem Ton. Die dünnen Anflüge sind an der Luft nicht beständig und verschwinden nach kurzer Zeit. Der Germanium-Spiegel bildet sich bedeutend langsamer als der des Arsens oder Antimons.

Verbindungen: Argyrodit $4Ag_2S \cdot GeS_2$, Canfieldit $4Ag_2S \cdot (Ge,Sn)S_2$, Germanit $Cu_3(Fe,Ge)S_4$, Stettit $F \cdot H_2[GeO_4] \cdot 2H_2O$.–

Zirkonium und **Thorium.** Zirkonoxid ist umschmelzbar, leuchtet bei starkem Glühen; zur Feststellung empfiehlt sich der nasse Weg und die mikrochemische Analyse. Thorit wird im Gegensatz zu Zirkon im Phosphorsalz unter Hinterlassung von SiO_2 aufgelöst.

Verbindungen: Zirkon (Hyacinth rotbraun, Malakon undurchsichtig durch radioaktiven Zerfall, Jargon (blaßrotgelb) $Zr[SiO_4]$, Thorit (Orangit) $Th[SiO_4]$, Baddeleyit (Favas) ZrO_2, Bröggerit $(U,Th)O_2$, Thorianit $(Th,U)O_2$, Katapleit (Dahlyit) $Na_2Zr[Si_3O_9] \cdot H_2O$, Eudialyt $(Na,Ca,Fe)_6Zr[(OH,Cl)|(Si_3O_9)_2]$, Elpidit $Na_2ZrH_6[Si_3O_9)_2$, Wadeit $K_2Zr[Si_3O_9]$, Wöhlerit $Ca_2NaZr[F|(SiO4)_2]$, ähnlich Niocalit, Orangit, Guarinit (Hjortdahlit) $Ca_2NaZr[F|(SiO_4)_2]$, Rosenbuschit $(Na,Ca)_3(Fe,TiZr)[F|(SiO_4)_2]$, Mosandrit $(Ca,Na,Y)_{2-3}(Ti,Zr,Ce)[(H_2O,F)|(SiO_4)_2]$, Lavenit $(Na,Ca,Mn_3)Zr[F|(SiO_4)_2]$, Zirkonolith siehe Titan, Naegit ist Zirkon mit Y,Nb,Th,U.

Tantal ist unschmelzbar, wird im Borax langsam zu einem von Eisen gefärbten Glas aufgelöst, von Phosphorsalz langsamer. Wird das Glas auf Kohle mit Zinn behandelt, so wird es grün. Tantal Ta, Tantalit (Columbit, Niobit) (FeMn) $(Ta,Nb_2)O_6$, Fergusonit $Y(Nb,Ta)O_4$, Formanit $YTaO_4$, Stibiocolumbit $(SbTa,_7Nb)O_4$, Bismutotantalit $BiTaO_4$, Sympsonit $AlTaO_4$, Yttrotantalit $Y_4[Ta_3O]_3$, Samarskit (Yttroniobit, Yttrocolumbit) $(Y,Er)_4[(Nb,Ta)_2O_7]_3$, oft Uranpecherz eingeschlossen, Simpsonit $AlTaO_4$.

Wasser, Eis. In Verbindung mit Sauerstoff als Wasser ist der Wasserstoff ein Bestandteil vieler Mineralien. Das Wasser weist man imtrockenen Kölbchen nach. Haftwasser, das von der Oberflächenspannung am Mineral gehalten und je nach Korn-

und Porengröße unterschiedlich ist, wird beim Trocknen in der Luft oder durch leichtes Erwärmen schon abgegeben. Kristallwasser entweicht bei höheren Temperaturen aber vor dem Konstitutonswasser. Das Zeolithwasser (Wasser in Silikaten) kann durch verhältnismäßig niedrige Temperaturen kontinuierlich ausgetrieben werden, da es in Hohlräumen des Gitters eingelagert ist. Ebenso verhält sich das Quellungswasser, das bei Kaolin z. B. in Zwischenräume der Gitterschichten eingedrungen ist und diese in Richtung senkrecht zur Schichtebene ausweitet, d. h. zum Quellen bringt. Das Wasser setzt sich am oberen Ende des Kölbchens in Gestalt kleiner Tropfen ab (man beobachte auch mit der Lupe). Aus der Menge des sich absetzenden Wassers kann man auf den Wassergehalt schließen. Ist das Wasser als Konstitutionswasser in der Substanz vorhanden, so bedarf es einer starken Hitze (bis zum Glühen und Schmelzen des Kölbchens, 1200°), um das Wasser auszutreiben.

Es wird nicht immer gelingen, das Konstitutionswasser nachzuweisen, da es (OH)-Gruppen entstammt, die im Gitterbau eine sehr wichtige Rolle spielen. Kristallwasser ist im Gitter schon als H_2O-Baustein vorhanden.

6. Gang der Untersuchung und Beispiele

Bevor man die Untersuchung einer Substanz vornimmt, prüfe man auf Reinheit und Homogenität derselben, sowie auf die S. 36 erwähnten physikalischen Eigenschaften. Man kann so in den meisten Fällen schon voraussehen, ob man es mit einem Salz, Silikat, Schwefel- oder Arsenmetall oder einer Legierung zu tun hat, wodurch ein gewisser Weg der Untersuchung schon vorgezeichnet wird. Im allgemeinen beginnt man stets mit dem Versuch im Kölbchen; sieht die Substanz metallisch aus (Sulfide, Arsenide, Legierungen), in der geschlossenen Röhre. Auf Kohle vergesse man nie, falls kein Beschlag zum Vorschein kommt, die Substanz mit Soda zu schmelzen; ebenso fange man bei Perluntersuchungen stets mit der Boraxperle an und mache dann erst die Phosphorsalzperle. Was die Prüfung auf Säuren anbelangt, so kann man bei den Versuchen auf Kohle meist schon voraussehen, ob man es mit einer leichtflüchtigen oder schwerflüchtigen Säure (Wolfram-, Molybdän-, Titansäure) zu tun hat.

Im folgenden sind einige Beispiele verschiedenartiger Substanzen angegeben, welche dem Lötrohranalytiker den Gang und die Art der Untersuchung zeigen sollen. Man beachte jede Erscheinung, auch wenn es nur eine Kleinigkeit ist, um etwa Schlüsse auf das Vorhandensein eines Stoffes ziehen zu können; man prüfe lieber auf einige Stoffe zu viel als zu wenig. Endlich bestimme man nicht mit absoluter Sicherheit (falls die äußeren Kennzeichen nicht sicher darauf hinweisen) ein bestimmtes Mineral, sondern nenne die chemische Zusammensetzung, z. B. wasserhaltiges Eisenphosphat, und sage, es kann sein: Vivianit, Kraurit, Kakoxen, Strengit, Delvauxit, Ludlamit, Koninckit oder Phosphosiderit. Da sich verschiedene Mineralien manchmal nur durch den Wassergehalt unterscheiden, so achte man darauf, ob das Mineral im Kristallwasser schmilzt und dann viel Wasser abgibt, ob es, ohne zu schmelzen, leicht oder schwer Wasser absetzt. Man halte das Kölbchen ganz oben mit einem schmalen Halter und sehe nach dem Erhitzen die von diesem bedeckten Stellen des Kölbchens genau an, womöglich mit der Lupe.

1. $SrCO_3$.

a) Verhalten im Körbchen: die Substanz dekrepitiert schwach.

b) In der Pinzette: leuchtet stark, ästelt sich auf, ist unschmelzbar und färbt die Flamme purpurrot, deutet auf eine alkalische Erde.

c) Auf Kohle leuchtet die Probe stark und bleibt unveränderlich.

d) Das auf Kohle geglühte Stück wird auf angefeuchtetes rotes Lackmuspapier gelegt; dasselbe wird blau, daher alkalische Erde.

e) Mit Soda geschmolzen, zieht alles in die Kohle hinein; Bestätigung für Strontium.

f) Prüfung auf Säuren, und zwar auf Kohlensäure, ergibt Strontiumkarbonat (Strontianit).

2. $Ba[SO_4]$.

a) Im Kölbchen: dekrepitiert.
b) In der Pinzette: leuchtet stark, schwer schmelzbar, Flamme wird gelblichgrün gefärbt.
c) Auf Kohle: starkes Glühen.
d) Das durchglühte Stückchen reagiert auf rotem Lackmuspapier alkalisch.
e) Mit Soda zieht sich alles in die Kohle hinein; Bestätigung für Barium-(II)-oxid.
f) Prüfung auf Säuren: Schwefelsäure (Heparreaktion); also Bariumsulfat (Baryt).

3. $Na_2B_4O_7 \cdot 10 H_2O$.

a) Im Kölbchen: bläht sich auf, gibt viel Wasser ab und manchmal brenzliche Dämpfe (herrührend von organischer Substanz); bei starker Hitze schmilzt die Substanz zu glasiger Masse.
b) Da die Substanz schmilzt, nimmt man nicht die Pinzette, sondern glüht einen Platindraht aus, betupft ein Kriställchen und prüft auf Schmelzbarkeit und Flammenfärbung. Letztere ist andauernd rötlichgelb (Natriumfärbung). Die Substanz schmilzt am Öhr des Drahtes zu einer wasserhellen Perle (Borat, Phosphat oder Silikat, und zwar sauer, da die Perle auch in der Kälte wasserhell bleibt; die neutralen und basischen Salze geben in der Kälte eine trübe Perle).
c) Um zu sehen, ob es ein Borat, Phosphat oder Silikat ist, tauchen wir die Perle in Schwefelsäure und bringen sie an den Saum der Flamme. Letztere wird apfelgrün gefärbt, also kein Silikat.
d) Da apfelgrün und fahlbläulichgrün nicht von jedermann genau unterschieden werden kann, prüfen wir weiter, indem wir Nickeloxid auflösen. Die Perle wird rotbraun; also Borsäure.

Das Mineral ist Borax, auch Tinkal genannt.

Wenn Calcium nachgewiesen werden kann, so Boronatrocalcit (Ulexit) ($CaNaB_5O_9 \cdot 8 H_2O$) oder Colemanit oder Pandermit oder Ginorit.

4. $NaNO_3$ (Chilesalpeter).
   a) Im Kölbchen: schmilzt und gibt ein braunes Gas ab.
   b) Am Draht: schmilzt und färbt die Flamme rötlichgelb (Natrium).
   c) Auf Kohle: starkes Verpuffen (Nitrat).
   d) Im Kölbchen mit schwefelsaurem Kalium erhitzt: es entweichen nitrose Dämpfe (Natronsalpeter).
5. CaF_2 (*Fluorit*).
   a) Im Kölbchen: phosphoresziert und dekrepitiert.
   b) In der Pinzette: schmilzt und färbt die Flamme gelblichrot.
   c) Auf Kohle: glüht; wird alkalisch gebrannt.
   d) Im offenen Rohr: mit geschmolzenem Phosphorsalz gemengt und am Ende der Röhre mit dem Lötrohr angeblasen, ätzt das Glas, färbt das Fernambukpapier strohgelb und gibt stechenden Geruch. Beim Zerschlagen Spaltung sehr gut nach dem Oktaeder. — Flußspat.
6. $MgSO_4 \cdot 7H_2O$ *Epsomit.*
   a) Im Kölbchen: gibt Wasser ab, welches bei starkem Erhitzen sauer reagiert.
   b) Auf Kohle: Wasser- und Schwefelsäureabgabe, starkes Leuchten und endlich alkalische Reaktion.
   c) Mit Kobaltsolution befeuchtet: Rosafärbung, also Magnesium.
   d) Mit Soda auf Kohle geschmolzen und die Masse herausgebrochen, auf Silberblech mit Wasser befeuchtet, entwickelt Schwefelwasserstoff und schwarze Flecken von Schwefelsilber. — Bittersalz (Epsomit).
7. $Fe[AsO_4] \cdot 2H_2O$.
   a) Im Kölbchen: gibt Wasser ab.
   b) In der Pinzette: Die Substanz schmilzt zu einer grauen Schlacke und färbt die Flamme fahlblau.
   c) Auf Kohle: Arsendämpfe gehen weg, Geruch nach Knoblauch; in der Ferne sitzt ein flüchtiger Beschlag von arseniger Säure. Eine graue magnetische Schlacke bleibt zurück.

d) In der Perle: Man erhält die Eisenperle.

e) Das Mineral kann sein: Symplesit, Pharmakosiderit oder Skorodit, also ein wasserhaltiges Eisenarseniat. Es ist in diesem Falle, weil lauchgrüne Farbe, Skorodit.

8. Fe_6S_7-$Fe_{11}S_{12}$ (Wasserkies, Magnetopyrit, Pyrrhotin, Magnetkies).

a) Im geschlossenen Rohr: verändert sich nicht; undefinierbares Sublimat (also nied. Schwefelungsstufe).

b) Zeigt schwachen Polarmagnetismus, wenn das Mineral an eine Magnetnadel herangebracht wird.

c) Im offenen Rohr: schweflige Säure.

d) Auf Kohle: schmilzt zur Kugel, die magnetisch ist.

e) Da das Mineral ein Sulfid ist, muß man nun rösten, bevor man die Perlen macht. Die Perlen geben die Eisenreaktion. — Magnetkies. Nickelhaltiger Magnetkies zeigt im Spektrum Nickellinien.

9. Cu_3AsS_4 *Enargit.* Mit geringem Sb- und Fe-Gehalt

a) Im offenen Rohr schweflige und arsenige Säure, auch in der Nähe der Probe öfter ein nichtflüchtiges Sublimat von antimonsaurem Antimonoxid (1,5% Sb).

b) Im geschlossenen Rohr ziemlich heftiges Dekrepitieren und bei schwacher Erhitzung ein Sublimat von Schwefel. Bei stärkerer Hitze schmilzt das Mineral. Das Sublimat vermehrt sich durch Schwefelarsen.

c) Auf Kohle schmilzt das gepulverte Mineral unter Abgabe von Schwefelarsen sehr leicht zur Kugel unter Bildung eines Beschlags von arseniger Säure, mitunter auch von Antimonoxid.

d) Die zurückbleibende Kugel wird gepulvert und das geröstete Pulver mit Borax am Draht geprüft. Es zeigt sich die Kupferreaktion. Wird aber die Glasperle fast übersättigt und hierauf auf Kohle so lange im Reduktionsfeuer behandelt, bis das Kupfer metallisch herausgeschmolzen ist, so zeigt sich ein geringer Eisengehalt sowohl durch die grünliche Farbe des Glases, als auch durch die gelbe Farbe der am Draht im Oxidationsfeuer umgeschmolzenen Perle.

e) Enargit ist im Königswasser löslich. Konzentrierte Cyankaliumlösung ätzt rosa Enargit sehr stark und gut, während der grüne Enargit viel weniger angegriffen wird. Die rhombische rosa Modifikation ist gegenüber der grünen regulären instabil.

10. ZnS (Eisen, Silber und Kadmium enthaltende *Zinkblende*).

a) Im geschlossenen Rohr: dekrepitiert und gibt nichts ab.

b) Im offenen Rohr: schweflige Säure.

c) Auf Kohle: Zinkoxidbeschlag. Ist Kadmium vorhanden, so erhält man den Anlaufbeschlag und den braunen Saum von Kadmiumoxid. Bei Gegenwart von Silber wird der in der Nähe weiß aussehende Zinkoxidbeschlag an manchen Stellen gerötet.

Da Zinkblende (die dunkelbraun aussehende besonders) oft Eisen enthält, so löse man geröstetes Pulver in den Perlen auf, um darauf zu prüfen. Es kann auch β-ZnS (Wurtzit) sein.

11. $Cu_2(OH)_3Cl$ *Atakamit.*

a) Im Glaskölbchen: Wasserabgabe und ein graulichweißes Sublimat (flüchtige Substanz).

b) In der Pinzette: leichtschmelzbar und azurblaue Flammenfärbung.

c) Auf Kohle: schmilzt und zeigt deutlich beim Berühren die azurblaue Färbung, bildet einen bräunlichen und grauweißen Beschlag von Chlorkupfer. Der Beschlag mit der Flamme berührt, zeigt wieder die azurblaue Farbe des Chlorkupfers. Es bleibt endlich metallisches Kupfer zurück. — Atakamit.

12. $CuSO_4 + 5H_2O$ *Kupfervitriol.* (Boothit).

a) Im Kölbchen: bläht sich auf, gibt Wasser ab und wird farblos.

b) In der Pinzette: grüne Flammenfärbung.

c) Auf Kohle: wiederum grüne Flammenfärbung und Reduktion zu metallischem Kupfer (oft unter Brausen). Mit HCl azurblaue Färbung.

d) In der Perle: das geröstete Mineral gibt die reine Kupferfärbung.

e) Mit Soda auf Kohle geschmolzen, erhält man die Heparreaktion, wenn man die geschmolzene Masse aus der Kohle herauskratzt und auf das Silberblech bringt. — Kupfervitriol. (Chalkanthit)

13. $PbSO_4$. (Bleivitriol).

a) Im Kölbchen: dekrepitiert.

b) Auf Kohle: schmilzt zuerst zu einer Perle; dann wird diese zu einem Bleikorn reduziert, welches nun den Bleioxidbeschlag liefert. Gibt man zu dem rückständigen Bleikorn Schwefel und Jodkalium, so entsteht nach kurzem Blasen der kanariengelbe Bleijodidbeschlag.

c) Mit Soda auf Kohle geschmolzen, gibt die herausgebrochene Masse die Heparreaktion, also Bleisulfat (Anglesit).

14. SnO_2 (Kassiterit, Visiererz).

a) Im Kölbchen: bleibt unverändert.

b) In der Pinzette: unschmelzbar, keine Flammenfärbung.

c) Auf Kohle im Reduktionsfeuer: weißer Zinnoxidbeschlag, der, mit Kobaltsolution durchglüht, blaugrün wird; oft kann man die zurückgebliebenen Kügelchen von metallischem Zinn erkennen. — Zinnerz.

Jedoch nicht alle Zinnerze geben den Zinnoxidbeschlag und lassen sich ohne weiteres reduzieren. Man reduziere alsdann mit Soda oder Kaliumoxalat und erhält metallisches Zinn.

15. $2PbS \cdot Cu_2S \cdot Sb_2S_3$ *Bournonit.*

a) Im geschlossenen Rohr: nach starkem Erhitzen ein kirschrotes Sublimat.

b) Im offenen Rohr: schweflige Säure, flüchtiges Antimonoxid (weißer Rauch), direkt vor der Probe an der unteren Seite der Röhre ein dickes, in der Wärme gelbes, nicht flüchtiges Sublimat von Antimon-[V]-oxid.

c) Auf Kohle: schmilzt leicht, gibt in der Ferne den weißen Beschlag von Antimonoxid, näher der Probe einen eidottergelben Beschlag von antimonsaurem Bleioxid und endlich, nach längerem Blasen, den grasgrünen Bleioxidbeschlag. Da das Mineral sich nicht vollständig zu Blei reduzieren läßt, muß noch ein flüchtiger Stoff vorhanden sein. Man löse die Perle auf, und es ergibt sich die Kupferfärbung. Man prüfe weiter auf Kupfer, indem man die Substanz mit Salzsäure anfeuchtet und mit der blauen Flamme berührt. Die azurblaue Färbung von Chlorkupfer tritt auf. Endlich läßt sich die Substanz nach längerem Blasen auf Kohle zu metallischem Kupfer reduzieren.

16. Ag_3SbS_3 *Pyrargyrit* (dunkles Rotgiltigerz).

a) Im geschlossenen Rohr: schmilzt und gibt ein kirschrotes Sublimat von Antimonoxid.

b) Im offenen Rohr: schweflige Säure, flüchtiges Antimonoxid und ein nicht flüchtiges Sublimat von antimonsaurem Antimonoxid.

c) Auf Kohle: schmilzt sehr leicht (unter Spritzen) zu einer Kugel, gibt den weißen Antimonoxidbeschlag; Schwefelsilber bleibt zurück; dasselbe längere Zeit oxidierend angeblasen oder mit Soda geschmolzen, verwandelt sich in feines Silber. Der weiße Antimonoxidbeschlag wird gerötet.

Ebenso verhalten sich Stephanit (Melanglanz), Miargyrit, Xanthokon; sie unterscheiden sich jedoch durch den quantitativen Silbergehalt.

17. $(Cu_2\ Ag_2, Fe, Zn)_3As_4S_6$. *Arsenfahlerz* (Tennantit).

a) Im geschlossenen Rohr: dekrepitiert, schmilzt alsdann und gibt bei starkem Erhitzen ein gelbrotes Sublimat von Schwefelarsen.

b) Im offenen Rohr: SO_2, As_2O_3 und ein flüchtiges Sublimat von As_2-[III]-oxid.

c) Auf Kohle: schmilzt zur Kugel, entwickelt Arsenrauch und Arsen-[II]-oxidgeruch, sowie in der Ferne den flüchtigen Beschlag von arseniger Säure; nach einigem Blasen tritt in der Nähe der Probe ein in der Wärme gelblicher, in der Kälte weißer Beschlag von Zinkoxid auf, der, mit Kobaltsolution befeuchtet und durchglüht. eine grasgrüne Farbe annimmt. Es bleibt ein Rückstand,

d) In der Boraxperle: das geröstete Pulver in der Boraxperle aufgelöst, färbt dieselbe grün. Da wir keine grüne Boraxperle kennen, so haben wir es mit einer Mischfarbe zu tun. Grün rührt demnach von blau und gelb her. Reduziert man die Perle auf Kohle, so scheidet sich metallisches Kupfer aus, und die Perle erscheint schmutziggrün (vitriolgrün), herrührend von Eisen.

18. $Co_3[AsO_4]_2 \cdot 8H_2O$. *Kobaltblüte* (Erythrin).

a) Im Glaskölbchen: gibt Wasser ab.

b) In der Platinpinzette: schmilzt und färbt die Flamme fahlblau.

c) Auf Kohle: Es entweichen Arsen-[III]-oxiddämpfe, die den charakteristischen Knoblauchgeruch verbreiten. In der Ferne ist ein flüchtiger Beschlag von Arsen-(III)-oxid wahrzunehmen. Nach längerem Blasen schmilzt die Substanz zu einer schwarzgrauen Kugel, bestehend aus Arsenkobalt. Die Borax- und Phosphorsalzperle wird smalteblau gefärbt, also Kobaltfärbung.

Ähnlich verhält sich *Annabergit* (Nickelblüte) $Ni_3As_2O_8 \cdot 8H_2O$. Anstatt der smalteblauen Perle erhalten wir im Borax die rotbraune Nickelperle. Um auf einen Gehalt an Kobalt zu prüfen, der in der Regel in der Nickelblüte vorhanden ist, löst man mit viel Pulver im Borax auf, bläst oxidierend und stößt die Perle vom Draht ab. Man bringt nun die abgestoßene Perle auf Kohle neben ein Stück Blei (zur Aufnahme des Nickels) und bläst reduzierend. Das breitgedrückte Glas zeigt die Färbung des Kobaltoxids. Meist ist es nicht rein smalteblau, sondern durch noch vorhandenes Nickel violett. Bei Gegenwart von mehr Kobalt im Annabergit wird die Perle blau und die Nickelfärbung überdeckt.

19. $FeAsS + 2CoAsS$. *Glaukodot.*

a) Im geschlossenen Rohr: gibt nichts ab, höchstens etwas arsenige Säure.

b) Im offenen Rohr: schweflige Säure entweicht, es entsteht ein Sublimat von flüchtigem As_2O_3. Also Schwefel und Arsen.

c) Auf Kohle: Arsendämpfe mit dem charakteristischen Knoblauchgeruch, in der Ferne wenig As-[III]-Oxid als Beschlag. Die Substanz schmilzt zu einer schwarzen schwach magnetischen Kugel.

Die Kugel wird nun auf Kohle mit Borax geschmolzen, bis das Metallkorn eine blanke Oberfläche annimmt. Eine deutliche Eisenfärbung ist wahrzunehmen. Das zurückgebliebene Metallkorn wird nun wieder mit Borax zusammengeschmolzen; die Boraxperle wird smalteblau gefärbt. Diese Färbung erhält man in mehreren Perlen. Will man nun noch einen Gehalt an Nickel, welches oft im Glaukodot vorkommt, nachweisen, so schmilzt man das Korn mit Gold zusammen und behandelt es hierauf wieder mit Borax auf Kohle. Das Goldkorn verliert seine gelbe Farbe, da es das in der Perle verteilte Nickel aufnimmt. Wenn man nun das Goldkorn neben Phosphorsalz längere Zeit stark oxidierend anbläst, so entsteht die Phosphorsalznickelperle, die eine goldgelbe Farbe aufweist.

20. *Untersuchung eines Hüttenproduktes.*

Die Schlacke enthält S, As, Fe, Co, Ni, Cu, Pb.

a) Im geschlossenen Rohr: nichts.

b) Im offenen Rohr: wenig Sublimat von As_2O_3, schwache Reaktion auf schweflige Säure.

c) In der Pinzette: sehr schwer schmelzbar.

d) Auf Kohle: Arsenrauch; Geruch nach Arsen-[II-]oxid und endlich in der Ferne ein wenig Beschlag von As_2O_3. Es bleibt eine unschmelzbare Schlacke zurück.

Die unschmelzbare Schlacke bringt man nun neben Boraxglas auf Kohle und blase kurze Zeit. Man beobachtet dann ein Schuppen und unterbricht das Blasen. Die Schlacke nehme man mittels Pinzette heraus, werfe sie in ein daneben stehendes Schälchen mit Wasser und drücke nun das Boraxglas breit. Dasselbe ist flaschengrün gefärbt, herrührend von Eisen, welches sich verschlackte. Die Schlacke nehme man nun wieder aus dem Wasser heraus, befreie sie von anhaftendem Boraxglas und bringt sie auf eine besondere Kohle. Man bläst nun und beobachtet Arsenrauch und As_2O_3-Beschlag, sowie einen Beschlag von Bleioxid.

In die Kohle, auf der sich die flaschengrüne Boraxperle befindet, mache man neben diese ein weiteres Grübchen, in welches man die Schlacke neben Boraxglas bringt. Nach längerem Blasen nehme man wieder die Schlacke weg, werfe sie ins Wasser und drücke das Glas breit. Es ist smalteblau gefärbt, herrührend von Kobalt. Daneben bringe man wieder die Schlacke neben Boraxglas in ein Grübchen; falls alles Kobalt verschlackt ist in der vorigen Perle, erhält man eine schöne deutliche rotbraune Nickelperle. Um nun das Kupfer, noch nachzuweisen, schmelzen wir uns auf der Kohle eine Phosphorsalzperle und bringen neben diese den Rest der Schlacke, aus der sich bereits Eisen, Kobalt und Nickel im Borax verschlackt haben. Nach einigem oxidierenden Blasen erhält man eine blaugrün gefärbte Kupferperle. Durch anwesendes Nickel kann die Färbung etwas abgeändert erscheinen.

20. $Pb_5[Cl|(PO_4)_3]$. *Pyromorphit* (Buntbleierz, Grün- und Braunbleierz).

a) Im Glaskölbchen: nach längerem Erhitzen ein weißes, flüchtiges Sublimat von Chlorblei.

b) In der Pinzette: schmilzt zur Kugel, färbt die Flamme blau, die Spitze grün. Die Blaufärbung deutet auf Blei, die Grünfärbung auf Bor- oder Phosphorsäure.

c) Auf Kohle: schmilzt sehr leicht, gibt einen flüchtigen Beschlag von Chlorblei, sowie einen solchen von Bleioxid. Beobachtet man die Probe nach einigem Blasen, so findet man Kristallflächen auf derselben. Dies Verhalten des Minerals, im Feuer seine Gestalt anzunehmen, führte zu dem Namen Pyromorphit.
Mit Soda wird Blei reduziert.

d) Bringt man zu der pulverisierten Substanz auf Kohle etwas Pulver von Kupferoxid, so beobachtet man beim Berühren mit der blauen Flamme die azurblaue Färbung von Chlorkupfer.

Die Phosphorsäure weist man nach, indem man in den dünneren Teil einer ausgezogenen Röhre (Fig. 10) pulverisierte Substanz bringt, darüber ein Stück Magnesiumdraht legt und über diesen wiederum Substanz. Die Stelle, an der sich der Magnesiumdraht befindet, wird mit der Reduktionsflamme angeblasen, so daß sie immer eingehüllt ist. Es bildet sich dann Phosphormagnesium. Nach dem Erkalten wird das Röhrchen zwischen Papier zertrümmert. Man gibt Wasser zu und kann nun deutlich den Geruch nach Phosphorwasserstoff wahrnehmen.

22. $K[AlSi_3O_8]$ *Kalifeldspat* (Orthoklas, Adular).

a) Im Glaskölbchen: unverändertlich.

b) In der Pinzette: schmilzt nur an den Kanten.

c) Flammenfärbung: gelblich, da immer etwas Natron vorhanden; das Kalium ist in der Flamme meist nur dann deutlich zu erkennen, wenn man die Verbindung, mit kalifreiem Gips gemengt, erhitzt.

d) Auf Kohle: schwer schmelzbar; die geschmolzenen Teile nehmen mit Kobaltsolution eine blaue Färbung an (SiO_2).

e) In der Boraxperle: wird langsam zu einem klaren Glas aufgelöst, das oft durch den Eisengehalt etwas gefärbt ist.

f) Im Phosphorsalz: hinterläßt ein Kieselskelett.

Aus dem bisherigen ist zu schließen, daß man es mit einem Silikat zu tun hat, dessen Kieselsäure wahrscheinlich an Tonerde, an Natron oder zugleich auch an Kali gebunden ist.

Nun schließt man mit Soda und Borax auf, indem man auf Kohle zu einer klaren Perle schmilzt (100 mg fein pulverisierte Substanz, 100 mg Soda, 100 mg Borax). Die Perle behandelt man nun mit Salzsäure, dampft ein und löst mit Wasser auf, das man vom Rückstand abfiltriert. Gibt man zu dem Filtrat einige Tropfen Platinchlorid, so fällt das im Alkohol unlösliche Kaliumplatinchlorid aus, welches unter dem Mikroskop die S. 00 erwähnten Kristalle erkennen läßt.

Aus der Menge des sich bildenden Kaliumplatinchlorids kann man auf den Gehalt an Kali schließen; derselbe beträgt beim Orthoklas 16%. Als Ansammlungsort benutzt man eine Röhre die nach unten ausgezogen ist, so saß der Durchmesser 2 bis 3 mm beträgt; in diesem ausgezogenen Röhrchen setzt sich der kristallinische Niederschlag ab.

Die ausgezeichnete Spaltbarkeit nach der Basis ist ein ebenso wichtiges Kennzeichen wie der Härtegrad 6.

23. $Na[AlSi_3O_8]$ *Albit.* (reiner Natronfeldspat).

Die Flammenfärbung ist andauernd rötlichgelb; mit Platinchlorid fällt aus der Lösung (Aufschließen mit Flußsäure) das Natriumplatinchlorid aus, welches unter dem Mikroskop lange prismatische Nadeln erkennen läßt. Oft findet man im Albit Spuren von Kalium. Die tetraedrischen Kristalle des Kaliumplantinchlorids bleiben nach Zusatz von Alkohol allein zurück, da Natriumplatinchlorid in diesem sich auflöst. Mit Uranylacetat entstehen hellgelbe Tetraeder und Kombinationen der Formen dieser Kristallklasse.

24. $Ca[Al_2Si_2O_8]$ *Kalkfeldspat* (Anorthit).

Man schmelze das Pulver der Substanz mit Borax und Soda; durch Zusatz von Schwefelsäure zu der Lösung erhält man die S. 86, angegebenen charakteristischen Gipskristalle unter dem Mikroskop. Im übrigen kann man die Calciumfärbung schon an der Substanz, in der Pinzette gefaßt, in der Lötrohrflamme wahrnehmen.

Isomorphe Mischungen von Albit- und Anorthitsubstanz liefern die *Plagioklase* (Sammelname für alle triklinen Kalknatronfeldspate), wie *Oligoklas*, *Andesin*, *Labrador*, *Bytownit*. Man hat die ganze Mischungsreihe in sechs Teile zerlegt, indem man außer den Endgliedern Albit und Anorthit die erwähnten vier willkürlich, aber gleichförmig abgegrenzten Mischungsglieder angenommen hat. Szabo hat vorgeschlagen, da dem Wechsel des Gehaltes an Calcium und Natrium entsprechend der Flamme verschiedene Färbung erteilt wird, diese Methode zur Bestimmung der Feldspate zu benutzen. Durch Säuren werden die Plagioklase verschieden angegriffen, der Albit und Orthoklas gar nicht, der Labrador wenig; der Anorthit wird unter Gallertbildung zersetzt. Gelegentlich tritt auch Barium in die Feldspate ein. Ein fast reiner Bariumfeldspat ist der Celsian.

Durch ihre ausgezeichnete Spaltbarkeit nach der Basis lassen sich die Feldspate leicht als solche erkennen. Die Plagio klase sind meist Viellinge und zeigen außerdem auf der Basis eine Streifung, während der Kalifeldspat stets eine glatte Spaltfläche liefert. Die Auslöschungsschiefe im Polarisationsmikroskop dient ebenfalls zur Unterscheidung.

25. $CaB[OH|SiO_4]$ Datolith.

a) Im Glaskölbchen: gibt etwas Wasser ab.

b) Mit Salzsäure gelatinierend.

c) In der Pinzette: schmilzt und färbt die Flamme apfelgrün, mit H_2SO_4 deutlicher, also Borsäure.

d) Schmilzt unter Aufschäumen zur klaren Perle, wenn nicht eisenhaltig.

Den Calciumgehalt weist man durch mikrochemische Reaktion nach. Aus schwefelsaurer Lösung entstehen auf dem Objektträger die monoklinen Gipskriställchen.

Wenn kein Wasser abgegeben wird, so liegt Danburit $Ca[B_2Si_2O_8]$ vor.

26. Asphalt und Mineralöl.

Auf Filtrierpapier gibt ein Tropfen des Öls einen kreisrunden Fleck. Ist dieser überall gleich gelb, so ist das Öl asphaltfrei. Ist Weichasphalt darin, so treten konzentrische braune Kreise auf. Werden jedoch in der Mitte des Flecks ein oder mehrere schwarze Punkte sichtbar, so sind Hartasphalte vorhanden. Sonstige mechanische Verunreinigungen und Salze setzen sich am Boden ab, wenn das vorher erwärmte und durchschüttelte Öl mit Benzol gemischt und einige Zeit stehen gelassen wurde. Wasser im Öl schäumt und stößt beim Erhitzen.

Mineralverzeichnis

FSC
www.fsc.org
MIX
Papier | Fördert
gute Waldnutzung
FSC® C083411

Kolibri 360 GmbH
Ferdinand-Jühlke-Straße 7
99095 Erfurt, Deutschland
produktsicherheit@kolibri360.de